工程——支持可持续发展

Engineering for Sustainable Development

联 合 国 教 科 文 组 织 著

联合国教科文组织国际工程教育中心
　　　　　　　　　　　　　　　　　　　译
王孙禺　　乔伟峰　　徐立辉　　谢喆平

2021 年

联合国教科文组织（地址：7, place de Fontenoy, 75352 Paris 07 SP, France）

联合国教科文组织国际工程教育中心（地址：中国北京市海淀区清华大学文南楼，邮编 100084）

中央编译出版社（地址：中国北京市西城区车公庄大街乙 5 号鸿儒大厦 B 座，邮编 100044）

© 联合国教科文组织 2021

UNESCO：ISBN 978-92-3-100437-7（英文版）

CCTP：ISBN 978-7-5117-3665-9（英文版）

　　　　ISBN 978-7-5117-3639-0（中文版）

封面设计：Abracadabra

平面设计：Abracadabra、联合国教科文组织 /Aurélia Mazoyer

排版：中联华文（北京）社科图书咨询中心

印刷：三河市华东印刷有限公司

印刷于中国

工程——支持可持续发展
实现可持续发展目标

简要概述

面向可持续发展目标的工程

本报告强调了工程在实现联合国 17 项可持续发展目标中的关键作用，并表明所有人机会均等是确保包容、性别平等的职业发展之关键——只有如此，方能更好地应对实现可持续发展目标的工程师短缺问题。本报告简述了塑造当今世界的工程创新，特别是大数据、人工智能等新兴技术，这些技术对于应对人类和地球所面临的紧迫挑战来说至关重要。本报告分析了在第四次工业革命来临之际，工程教育和能力建设所发生的变革，这将有助于工程师应对未来的挑战。本报告强调了解决具体地区差异所需的全球努力，同时总结了世界不同地区的工程趋势。

> 十分必要
> 让更多的年轻人，
> 特别是**女孩**，
> 把
> **工程**
> 当作一种职业

通过介绍案例研究和方法以及可能的解决方案，报告揭示了为什么工程对可持续发展至关重要，以及为什么工程师的作用对解决人类的基本需求至关重要，例如减轻贫困，提供清洁水和能源，应对自然灾害，建设有弹性的基础设施，弥合发展鸿沟，以及在许多其他行动中不让任何人掉队。

希望本报告为各国政府、工程组织、学术界和教育机构及产业界提供有益参考，打造全球伙伴关系，促进工程领域合作，实现可持续发展目标。

"战争起源于人之思想，
故务需于人之思想中筑起
保卫和平之屏障。"

目 录

4.

5.

序 言
联合国教科文组织

工程在解决人类的基本需求方面发挥着关键作用，它能够改善我们的生活质量，并为当地、国家、地区和全球的可持续增长创造机会。至关重要的是，它还有助于推动联合国教科文组织的两个全球优先事项：非洲和性别平等。

工程具有很大的潜力，我们需要更好地利用这种潜力，尤其是要将更多的女性纳入进来。世界各国政府有责任为所有人提供机会，并吸引年轻人考虑将工程作为自己的职业和专业。这些职业选择取决于能否获得科学、技术、工程和数学（STEM）学科的优质课程、指导和辅导，以及能否获得有价值的信息和交流以及政府的支持和奖学金。

在应对气候变化、人口增长和城市化挑战的同时解决可持续发展问题，这需要创新型工程和技术解决方案。工程能力和建设对于确保有足够数量的工程师有能力和准备好应对这些全球性挑战至关重要。这一点在非洲尤其重要，因为非洲工程专业人员的人均数量低于世界其他区域。例如，在斯威士兰，17 万多人中仅有一名工程专业毕业生，而英国每1,100 人中就有一名工程专业毕业生。弥合这一知识鸿沟至关重要，也是工程面临的关键挑战之一。

联合国 17 项可持续发展目标旨在提高人们对可持续发展各个方面的认识，从概述到具体子目标，其中包括一项行动计划，涉及从减贫、人人享有健康、基础设施发展、教育、性别平等到可持续利用海洋、能源、清洁饮水和卫生设施等一系列广泛的社会、环境和技术问题。所有 17 项目标都与工程有关，每个目标都需要工程来实现。

这份题为《工程——支持可持续发展》的报告介绍了工程师为实现《2030 年可持续发展议程》和可持续发展目标做出贡献的不同工程领域。本报告通过提供创新和行动的实例以及建议，展示了工程专业在应对可持续发展挑战方面的重要性，以及包容和公平的教育是如何带来新的视角，从而应对工程师短缺（经济增长的主要障碍之一）。

在第四次工业革命来临之际，本报告重点介绍了当前人工智能、大数据和物联网领域的技术进步，这些技术正在改变我们在物理、生物和数字空间中的生活和互动方式。这些变革体现在工程的各个领域，深刻影响着工业体系、生产和治理。

本报告在全球新冠肺炎疫情期间定稿并发布。疫情不仅没有削弱全球工程的重要性，反而扩大了全球合作的必要性，以创造针对长期和新出现的环境问题根源的解决办法。国际社会对此次疫情做出了紧急反应，但在应对疫情过程中，也占用了用于解决气候变化、环境退化以及获得清洁水和能源等其他紧迫问题的资源。

此外，当前的疫情对工程教育造成了更大的压力。为了培养最优秀的工程师来应对这些全球性挑战，我们需要年轻人从小学习数学和科学。然而，这一全球流行病已导致大量教育机构关闭，使得全球 15 亿学习者（占全球在校学生人数的 90% 以上）无法继续学习，因而严重影响了教育质量和结果。面对这种灾难性的教育状况，联合国教科文组织联合全球教育联盟携手开展工作，以确保学习、特别是科学领域学习的连续性。

工程一直是联合国教科文组织的一部分。联合国教科文组织（UNESCO）诞生于 1945 年 11 月，按照创始人的设想，UNESCO 中的 "S" 代表科学与技术。事实上，联合国教科文组织在英国土木工程师学会所在地成立，该学会是世界上历史最悠久的工程机构之一。多年来，联合国教科文组织借助 "工程计划" 一直通过其人力和机构能力建设项目来发展工程教育，特别是非洲的工程教育。此外，它还通过为国际工程组织和非政府组织提供支持，努力

改变妇女在工程领域代表性不足的现象，以弥合知识鸿沟，促进跨文化合作。1968 年，联合国教科文组织参与创建了世界工程组织联合会（WFEO），该联合会在各国政府和国际社会制定最高级别政策中享有发言权。近年来，相关方发起了世界工程日和联合国教科文组织非洲工程周等重要倡议，以庆祝工程师的成就及其对可持续发展和全人类生活质量提高的贡献。

这份题为《工程——支持可持续发展》的报告是联合国教科文组织标准制定工作的一个重要里程碑。在此，我谨向编制本报告的联合国教科文组织工作团队，我们的合作伙伴世界工程组织联合会、中国工程院（CAE）和清华大学，以及联合国教科文组织国际工程教育中心（ICEE）表示衷心的感谢：正是因为有了各位合作伙伴的鼎力支持，这一重要的出版物才得以面世。这也完美地体现了实现可持续世界这一共同愿景的合作精神。

Audrey Azoulay

奥德蕾·阿祖莱女士（Ms Audrey Azoulay）
联合国教科文组织总干事

序 言
中国工程院与清华大学

工程科技是经济发展的引擎，为人类文明的进步提供不竭的动力源泉。

面向可持续发展，工程将扮演更加重要的角色。联合国于 2015 年通过了《2030 年可持续发展议程》，该议程提出了 17 项可持续发展目标（SDGs），这是解决全球发展问题的一项共同行动计划。工程是实现所有 17 项可持续发展目标的基础，在可持续发展中发挥着重要的推动作用。我们相信，联合国教科文组织 2021 年工程报告《工程——支持可持续发展》的出版，将为世界可持续发展和未来工程事业的发展贡献一份力量。

面向可持续发展，工程面临着严峻挑战。工程正经历着深刻的变革，工程的外延正在快速拓展，它不仅仅是探究如何创造"人工物"的学科，还迅速向经济系统、生态系统和社会系统渗透。全球工程科技发展正在进入新一轮变革期，新发现、新技术、新材料和新产品迭代周期越来越短。与此同时，工程所面临的挑战，包括涉及实现可持续发展目标方面的挑战，正变得更加复杂，往往需要提出跨学科、跨国家和跨文化的解决方案。这种跨界解决方案对预防和控制新冠肺炎疫情发挥了宝贵作用。

面向可持续发展，需要创新工程教育。要培养更多创新型和高质量的工程人才，工程教育的每一个分支都必须肩负起责任，将可持续发展作为核心竞争力，让未来新一代工程师具备促进可持续发展的创新创造能力、伦理意识和为人民服务的理念。要将可持续发展和高质量发展的理念贯穿到工程职业和工程活动的各个环节，使负责任的工程成为工程企业和工程专业人员的共同信念。

面向可持续发展，需要加强合作和伙伴关系。但是当前世界工程科技和工程教育的资源分配很不均衡，特别是一些发展中国家和地区的合格工程师和工程资源还十分缺乏。因此，我们呼吁全球工程界共同努力，政府、行业和学术界密切合作，建立一个更加平等、包容、发展和共赢的共同体，支持不发达地区提升工程能力，共同应对可持续发展中面临的全球挑战。

联合国教科文组织国际工程教育中心（ICEE）由中国工程院和清华大学于 2016 年在联合国教科文组织的指导下共同建立。该中心通过协调全世界工程领域特别是工程教育领域的资源，支持联合国可持续发展目标的实现。这项使命体现在上述报告的准备、组织和编撰中。国际工程教育中心期待与国际工程界和工程教育界密切协作，为实现联合国可持续发展目标贡献力量。

我们希望这份 2021 年联合国教科文组织工程报告能够为世界各国政府、工业界和学术界提供新的视角，让众多的利益攸关者更加重视工程，创新和改进工程，充分发挥工程的潜力，使工程成为人类和地球走向可持续发展道路的驱动力量。

周济 Zhou Ji

中国工程院主席团名誉主席
联合国教科文组织国际工程教育中心（ICEE）
顾问委员会联合主席

致 谢

在出版了具有里程碑意义的首份同类工程报告的十年之后，工程界再次汇聚一堂，阐明工程师的开创性工作。在全球疫情进一步彰显世界各地的不平等断层线之时，工程师们在确定新的工程愿景。这种不平等主要体现在各国之间存在的明显的科学、技术和数字鸿沟，这对年轻人特别不利。因而，第二份全球工程报告及时提醒人们，工程师和工程专业在有效应对《2030 年可持续发展议程》所提出的紧迫挑战和新要求方面发挥着关键作用。

在联合国教科文组织与中国工程院、清华大学和世界工程组织联合会的密切合作下，第二份工程报告成功编写完成，它将为人们了解工程如何推动实现可持续发展目标提供重要参考。联合国教科文组织非常感谢上述机构对这一重要出版物所提供的宝贵支持，没有他们的支持，本报告就不可能出版。特别感谢国际工程教育中心（ICEE）及其专家团队，即李晓红、周济、朱高峰、邱勇、邓秀新、吴启迪、龚克、杨斌、袁驷、吴国凯、王孙禺、康金城、乔伟峰、徐立辉、樊新岩、田琦、刘玮、姬学、李曼丽、钟周、谢喆平、吴凡等专家自本报告启动以来所做的工作。联合国教科文组织还要感谢学堂在线对本报告的赞助，同时感谢来自世界各地的相关机构、研究人员、专业人士和各位专家所提供的专业知识和宝贵贡献。

本报告的构思、拟定和编制是在工程领域众多杰出专家的指导下完成的。由周济和 Tariq Durrani 担任共同主席的报告顾问委员会的成员以及指导委员会的成员提供了宝贵的建议，为本报告奠定了基础，联合国教科文组织对此深表谢意。

非常感谢以下作者，他们通过其经验、知识和专长凸显了工程师工作的重要性以及工程师在实现可持续发展目标方面所发挥的关键作用：龚克、Marlene Kanga、Dawn Bonfield、Renetta Tull、Dhinesh Radhakrishnan、Jennifer J. DeBoer、Shankar Krishnan、Ratko Magjarević、José Vieira、Tomás Sancho、Sarantuyaa Zandaryaa、Anil Mishra、Will Logan、Yin Chen、Toshio Koike、Abou Amani、Claire Marine Hugon、Darrel J. Danyluk、Soichiro Yasukawa、Sérgio Esperancinha、Jean-Eudes Moncomble、Jürgen Kretschmann、Sudeendra Koushik、李 畔、刘 轩、Paolo Rocca、吴 建 平、Ajeya Bandyopadhyay、Anette Kolmos、Soma Chakrabarti、Alfredo Soeiro、Nelson Baker、Jürgen Kretschmann、Eli Haugerud、 袁 驷、Milda Pladaitė、Philippe Pypaert、Jorge Emilio Abramian、José Francisco Sáez、Carlos Mineiro Aires、Yashin Brijmohan、Gertjan van Stam、Martin Manuhwa 和 Zainab Garashi。

联合国教科文组织还要感谢以下作者和文字

编辑的重要贡献，他们是：Bernard Amadei、Iana Aranda、 Hossein Azizpour、Madeline Balaam、Virginia Dignum、Sami Domisch、Anna Felländer、Rob Goodier、Ashley Huderson、Andrew Johnston、Christopher Joseph、Paul Jowitt、Noah Kaiser、Andrew David Lamb、Simone Daniela Langhans、Iolanda Leite、Vladimir López-Bassols、Mariela Machado、Tony Marjoram、David McDonald、Shane McHugh、Michelle Mycoo、Francesco Fuso Nerini、Max Tegmark、Evan Thomas、Ricardo Vinuesa 和 Sarantuyaa Zandaryaa。

在自然科学助理总干事 Shamila Nair-Bedouelle 的带领下，联合国教科文组织编辑团队进一步强化了原自然科学助理总干事 Gretchen Kalonji 和 Flavia Schlegel 的基础性工作，并得到了 Peggy Oti-Boateng、Rovani Sigamoney、Christine Iskandar、Angelos-Zaid Haïdar、Natalia Tolochko、Ernesto Fernandez Polcuch 和 Shahbaz Khan 的支持。在本报告编写过程中，Ian Denison 和 Martin Wickenden 在各个方面都提供了协助与支持，同时也感谢 Abracadabra 的平面设计工作以及照片贡献者。特别感谢 Aurelia Mazoyer 为本报告的设计和排版工作所提供的宝贵帮助，并特别感谢 Cathy Lee 一丝不苟的工作态度，她的质量监督有效促成了报告的完成。

最后一句感谢的话要留给优秀的特别工作组，他们娴熟地指导了报告的整个编写过程。联合国教科文组织高度赞赏龚克的管理工作及其杰出团队提供的不懈支持，感谢世界工程组织联合会 Marlene Kanga、José Vieira、Jacques de Mereuil 和 Théo Bélaud 的耐心指导、宝贵意见和专业知识，感谢他们对工程事业的支持。联合国教科文组织特别希望向龚克表达感谢，感谢他领导了全球各地的专家团队，在本报告编写过程中给予指导，他对联合国教科文组织在工程领域工作的支持，有力推动了本出版物的完成。

最后，联合国教科文组织感谢成千上万的工程师和工程界人士，感谢他们为推动科学和工程专业知识所做的工作以及在本报告中所体现的、他们响应《2030 年可持续发展议程》的承诺和责任感。

龚 克[①]

引 言

工程加快可持续发展目标的实现

① 世界工程组织联合会（WFEO）主席和中国新一代人工智能发展战略研究院（CINGAI）院长。

一份新的工程报告

工程是解决问题的知识与实践。几千年来，工程作为一个职业和学科随着人类的发展而演变。工程帮助我们运用科学知识、技术方法、设计和管理原则解决日常问题和生产需求。工程包含一系列分支学科，事实上已成为助力人类在地球上生存和提高人类生活质量的主要推动器。它有助于我们渡过灾难、应对公共卫生挑战、确保粮食安全和水资源安全、发展通信和运输、创新与创造新产品和服务。凡是有问题的地方，都需要工程解决方案。

当今世界所面临的首要问题是维持人类发展和保护地球。在这种背景下，工程在实现可持续发展方面发挥着核心作用。

第一份工程报告《工程：发展的问题、挑战和机遇》发布于 2010 年，强调了科学、技术和工程在《千年发展目标》[①] 背景下对于解决全世界人类发展在经济、社会和环境三方面问题的重要性；《千年发展目标》是联合国关于 2000—2015 年期间可持续发展的框架和路线图。

第一份工程报告强调了工程的广泛影响，并且强调应当把工程作为"一项人类活动和社会活动以及科技创新活动在社会、经济和文化背景下"加以推广。该报告强调需要采取以下行动：

● 培养公众的工程意识和政策意识以及对工程的认识，肯定工程所发挥的带动创新、推动社会和经济发展的作用；

● 开发工程信息，强调迫切需要完善工程统计和工程指标；

● 改革工程教育、课程和教学方法，强调工程

[①] 若想了解更多关于《千年发展目标》的信息，请访问：www.un.org/millenniumgoals

的意义和解决问题的方法；

● 更有效地进行创新，并将工程与技术应用于减贫、可持续发展和气候变化等全球问题和挑战，以及加快发展绿色工程和低碳技术。

联合国教科文组织
2010 年第一份工程报告

自第一份工程报告发布以来，全世界工程领域取得了重大进展，工程师对可持续发展做出了巨大贡献。同时，还有愈发严峻的挑战威胁着人类和地球的可持续发展。认识到这些挑战的社会、经济和环境影响，世界各国领导人在 2015 年联合国成立 70 周年之际汇聚一堂，在历史性文件《变革我们的世界：2030 年可持续发展议程》（以下简称《2030 年可持续发展议程》或"2030 年议程"）的意向声明中制定了新的可持续发展行动计划（UN，2015）。

这项新的议程是一幅雄心勃勃的蓝图，旨在为所有人建设一个和平与繁荣的未来和一个健康的星球。它包括 17 个目标和 169 个具体目标。这些目标以《千年发展目标》为基础，力求动员各国在未来 15 年对人类和地球至关重要的领域采取行动。实现可持续发展目标需要减缓和适应气候变化、建设富有活力的基础设施、确保食品供应和营养、提供清洁廉价的能源和水资源、保护和恢复陆地和水下生物多样性，等等。创新工程解决方案将至关重要，工程师会比

以往肩负更多责任。

十年之后，联合国教科文组织发布了第二份工程报告，重申工程的重要性，因为工程力求对《2030年可持续发展议程》提出的挑战和期望做出响应。本报告汇聚了工程师的声音，他们共同呼吁制定和实施相关解决方案，解决影响我们生活方方面面的可持续发展问题，从而凸显工程对于实现更加可持续的世界的重要性。

新冠肺炎疫情急需各国采取行动实现可持续发展目标，同时肯定工程与可持续发展的相关性

《工程——支持可持续发展》报告完成和发布时，整个世界正经历着新冠肺炎疫情。这次致命的疫情揭示了科学、技术和工程创新对于应对未来新挑战的紧迫性和重要性。工程师们希望制定实现可持续发展目标的解决方案，将我们的世界转变成一个更具韧性、更包容和可持续的世界。

新冠肺炎引发了前所未有的健康、经济和社会危机，威胁着全人类的生命和生计，不论国籍、种族、性别或社会和经济地位如何。世界各地的共同响应说明了团结一致、互帮互助的潜力。然而，由于历史上经济、社会和环境条件上的不平等，这次疫情对公共卫生的冲击和经济影响在不同国家和不同人群中并不均等。《2020年可持续发展目标报告》发现，疫情"暴露并加剧了现有的不平等和不公正现象"（UN, 2020）。报告接着称："在发达经济体，边缘化人群的死亡率最高。在发展中国家，最脆弱人群——包括在非正规经济就业的人、老年人、儿童、残疾人、原住民、移民和难民——遭受更大打击的风险。"（UNDESA, 2020）

《2020年可持续发展目标报告》分析了新冠肺炎疫情对每一项可持续发展目标的影响，并且显示，截至2020年6月，全球半数劳动力的生计受到了严重影响，数千万人重返极端贫困和饥饿，导致近年来所取得的一点进展功亏一篑。在撰写本报告之时（2021年2月4日），全球感染新冠肺炎的人数已超过1.05亿，死亡人数接近250万，这一数字仍在攀升，几乎没有一个国家幸免于难。这场危机告诫各国实现可持续发展目标迫在眉睫，正如联合国秘书长安东尼奥·古特雷斯（António Guterres）在为联合国进展报告撰写的序言中所强调的，"新冠肺炎的根本原因和不均衡影响远远不是破坏可持续发展目标的理由，而是恰好说明了为什么我们需要《2030年可持续发展议程》、关于气候变化的《巴黎协定》和《亚的斯亚贝巴行动议程》，并且凸显了实施这些议程的紧迫性。因此，我一直呼吁各国在合理数据和科学基础之上，在可持续发展目标的指导下，做出协调一致和全面的国际应对与恢复努力"。

工程应当在抗击新冠肺炎的战斗中以及在追求真正变革性经济复苏、更好地重建中发挥更加积极的作用。工程师可以协同各国和各社区的其他专业人员，共同确定并消除全球持续贫困的内在原因，提振所有人的精神，改善环境，执行本报告提出的加快工程实践行动的建议，以实现可持续发展目标。

了解工程在实现可持续发展目标中的作用

科学、技术与工程是可持续发展的核心。在给2018年庆祝世界工程组织联合会（WFEO）成立50周年的全球工程大会的贺信中，联合国秘书长安东尼奥·古特雷斯指出："我们努力实现17个可持续

发展目标 —— 一幅世界蓝图：在一个健康的星球上为所有人建设一个和平与繁荣的未来。其中每一项目标都需要植根于科学、技术和工程的解决方案。"（Guterres，2018）2019 年，在世界工程组织联合会以及联合国教科文组织其他工程合作伙伴和超过 75 家机构的推动下，联合国教科文组织第 40 届全体大会一致宣布将每年 3 月 4 日设立为"促进可持续发展世界工程日"①。这是全球对工程和可持续发展目标重要性的认可，是彰显工程师和工程的作用、促进找到推动可持续发展目标的解决方案的独特机会。

我们必须认识到科学、技术和工程对于可持续发展目标的作用，因为是科学、技术和工程建立了事实基础，预见了未来后果，并且有助于找到实现可持续性变革的创新途径；科学、技术和工程是综合推动可持续发展目标的杠杆。同时，我们还有必要通过"促进可持续发展世界工程日"，增强公众对工程对于可持续发展目标的作用的意识，因为是工程将科学知识、技术方法和设计原则运用于解决阻碍可持续发展问题的实践，并确保所有人的福祉和地球的健康。

本报告第一章"工程构建更可持续的世界"解释了工程在变革世界中的关键作用，并通过简要的历史回顾说明了几千年来工程及工程从业人员 —— 工程师是如何改变世界的，比如：古代首批石器及滑轮和杠杆等简单装置的发明，最先进的人工智能（AI）技术和生物医学工程技术用于改善人们的生活和生产。显然，深入分析与 17 个可持续发展目标分别相关的潜在作用表明，工程和工程师对于到 2030 年实现每一项可持续发展目标发挥着不可或缺的作用。本章还指出，目前的工程能力与实现可持续发展目标的要求之间尚存差距，呼吁政府、产业界、教育

① 若想了解更多关于"促进可持续发展世界工程日"的信息，请访问：https://en.unesco.org/commemorations/engineering

和研究机构、民间团体和工程界紧密协作，共同提供强劲投资，支持工程发展。

同样，在《2030 年可持续发展议程》的启发和指导下，工程界和工程师个人必须更清楚地认识自己对于实现可持续发展目标的作用和责任。全世界工程界需要接受当今工程和工程师在推动可持续发展目标方面的终极使命，以帮助为人类和地球塑造可持续的未来，以更加可持续、创新、包容、环保和安全的方式开展工程实践，同时实现净零碳排放。

工程本身需要变革，变得更加创新、包容、合作和负责

为了实现可持续发展目标，工程本身需要全世界开启变革性发展，以应对人类面对的多方面挑战，这些挑战是任何国家都无法单枪匹马应对的。《2030 年可持续发展议程》声明："我们决心通过重振全球可持续发展伙伴关系，基于加强全球团结的精神，调动必要手段来执行该议程，特别关注最贫穷和最脆弱人群的需求，让所有国家、所有利益攸关者和所有人都参与其中。"（UN，2015）对于全世界工程界的工程伙伴关系，以及对于政府和政策制定者、学术界和教育工作者、产业界和基金会、民间团体等所有利益攸关者来说亦是如此。本报告强调工程界之间全球伙伴关系至关重要，并强调必须加强发展中国家的能力建设。

本报告第二章"所有人机会均等"概述了工程领域的多元化和包容性对于确保吸引足够数量代表不同观点和背景的工程师从事工程职业至关重要。

多元化的工程劳动力可以提供有创意的、与人人有关的解决方案，确保未来的工程解决方案摆脱偏见和歧视，同时解决社会不公正现象，从

而更有效地实现可持续发展目标。第二章提供了对这一问题的广泛看法,重点是女性和年轻工程师。虽然通过工程组织、政府和教育机构等的共同努力,全世界在这方面取得了重大进展,但是进展过程并不均衡。为了进一步提高工程职业的多元化和包容性,还需要做更多工作,以更包容的心态采用更加跨学科的方法,对于实现上述抱负至关重要。工程界需要进一步加强与多个社会部门的合作,从而以更加均衡和全面的方式应对可持续发展目标的挑战,同时确保某一项目标所取得的进展与其他目标同步均衡。

为了解决不可持续问题并且推动世界变革,我们需要创新工程解决方案。虽然工程的应用范围很广,但第三章"工程创新与可持续发展目标"只选择了几个工作领域来说明如何利用新兴技术进行工程创新,从而推动实现可持续发展目标。第三章更具体地论证了工程对于可持续发展目标的作用,同时还确认当前工程能力与实现可持续发展目标所需能力之间尚有差距。未来可在"第四次工业革命"(Schwab, 2017)的背景下,开展工程研发方面的投资与合作,以应对实现人类福祉与健康、清洁饮水和粮食安全(针对快速增长的人口)、气候危机、能源脱碳、灾难风险管理、生物多样性、城市发展等日趋紧迫的挑战和其他重大挑战。

工程教育和能力建设是确保通过工程促进可持续发展目标实现的关键

本报告第四章"工程教育与可持续发展能力建设"论述了工程教育和能力建设问题。第四章解释了工程教育对于建设工程能力以及在质量和数量上满足全世界对工程师的需求是绝对必要的。需要注意的是,工程能力建设是一个持续的过程,要从学校开始,经过设有正规课程的高等教育,然后通过持续的专业发展一直持续到工程师、技师或技术员的整个职业生涯,进而满足知识和相关技能的快速增长。

培养实现可持续发展目标的工程师不仅需要新的创造性学习和思考能力、解决复杂问题的能力、跨学科和国际合作能力及合乎道德规范的态度,还需要对工程教育本身进行变革,由以学术知识为重点的方法转变为更加广泛的跨学科学习方法,由以教师为中心的方法转变为更多以学生为中心和基于问题的学习方法。未来将需要建立一种结构性方法,并提供相关质量保证和认证,以促进终身学习和专业发展。定期审核涉及多个利益攸关者的毕业生素养和专业能力,有助于引导工程教育满足不断变化的可持续发展需求,同时还需要建立全球认证体系,以便有助于确保工程师在开展实现可持续发展目标的工程实践时具备相关素质,并且帮助工程师跨越国界工作。

通过政府、学术界、产业界、工程组织和民间团体的共同努力促进工程发展

在《2030年可持续发展议程》的指导下,全世界工程师一直在为促进可持续发展目标及提升可持续发展的工程能力做出巨大努力。第五章"工程领域的区域趋势"概述了区域间合作推动各区域在实现可持续发展目标方面取得的进展,论证了工程如何确实成为区域发展和区域间合作的推动器,"通过加强现有机制之间的协调等措施,加强科学、技术和创新方面的南北合作、南南合作、区域和国际三角合作,加强基于共同商定条件的知识共享",以及"通过南北合作、南南合作和三角合作等措施,加强国际上

对发展中国家开展有效的、有针对性的能力建设的支持，支持通过各项国家计划落实可持续发展目标"（UN, 2015）。由非洲工程组织联合会（FAEO）举办的联合国教科文组织与世界工程组织联合会非洲工程周[①]项目，以及由英国皇家工程院（RAEng）和世界工程组织联合会支持的非洲催化剂项目（Africa Catalys, 2014），是落实第 17 个可持续发展目标（促进目标实现的伙伴关系）的典范。

然而，在已取得的进展与《2030 年可持续发展议程》中联合国各成员国承诺的预期进展之间还存在巨大差距。从这些差距上看，很显然的一个主要因素就是缺乏工程能力、国际跨学科和部门间的工程发展合作，还有很多其他原因。

要到 2030 年实现可持续发展目标，世界面临着一系列挑战，其中最严峻的挑战是不同地区之间的发展不平衡。这进一步强调了在工程能力、特别是发展中国家的工程能力建设方面，需要建立全球伙伴关系。本报告确认了全世界及不同地区工程发展面临的挑战，向政府、产业界、学术界、教育机构及市民社会提出了一系列建议，以此作为未来之路。总之，本报告呼吁所有利益攸关者认识到工程对于可持续发展目标的关键作用，并携起手来通过各国、各地区和全世界的投资与合作，共同促进工程发展，从而使工程成为实现可持续发展目标的真正推动器、均衡器和加速器。

[①] 若想了解关于非洲工程周的详细信息，请访问：http://www.wfeo.org/wfeo-in-africa/

参考文献

Africa Catalyst. 2014. Africa Catalyst. Building engineering capacity to underpin Human and Economic Development in Africa. Concept Note. http://africacatalyst.org

Guterres, A. 2018. Welcome statement from UN Secretary General António Guterres. Global Engineering Congress, 22 October. https://www.ice.org.uk/events/global-engineering-congress-day-one

Schwab, K. 2017. *The Fourth Industrial Revolution.* London: Penguin Books Limited.

UN. 2015. *Transforming our world: the 2030 Agenda for Sustainable Development.* New York: United Nations. https://sustainabledevelopment.un.org/post2015/transformingourworld

UN. 2020. UN report finds COVID-19 is reversing decades of progress on poverty, healthcare and education. *UN News,* 7 July. https://www.un.org/development/desa/en/news/sustainable/sustainable-development-goals-report-2020.html

UNDESA. 2020. *The Sustainable Development Goals Report 2020.*United Nations Department of Economic and Social Development. https://unstats.un.org/sdgs/report/2020/ The-Sustainable-Development-Goals-Report-2020.pdf

UNESCO. 2010. *Engineering: Issues, challenges and opportunities for development.* United Nations Educational, Scientific and Cultural Organization. Paris: UNESCO Publishing. https://unesdoc.unesco.org/ark:/48223/pf0000189753

Marlene Kanga[1]

1.
工程构建
更可持续的世界

① 世界工程组织联合会主席（2017—2019年）。

摘 要

通过发明和开发新技术，工程师在变革世界的过程中发挥了关键作用，从而对经济增长和提高生活质量产生了重大影响。联合国可持续发展目标（SDGs）寻求一种综合的发展途径，在缓解对地球的有害影响的同时，呼吁人人享有平等机会和经济繁荣，从而满足所有人的需求。工程对于推动 17 个目标中的每一个目标都至关重要，如表 1 所示。无论是发达国家的高科技、软件、人工智能和通信领域，还是发展中国家的城市基础设施、交通运输系统、能源和供水网络，全世界对工程师的需求量很大。工程教育必须满足用人单位当前和未来的需求，这一点也至关重要。政府、工程教育工作者和专业工程机构需要携手合作，共同确保工程教育的标准符合可持续发展目标，并确保更多年轻人、特别是年轻女性选择工程职业。

工程构建我们的世界

几千年来，工程师一直在创新和改变着世界。比如最初石器的发明，以及滑轮和杠杆等简单装置的发明，使人们能够提起和搬动重物，这些活动超出了一个人的能力范围。工程师"engineer"一词来源于拉丁语 Ingenium，而 Ingenium 也是"ingenuity（独创性）"的词根，指天赋，特别是头脑灵敏。几千年来，工程师被公认是这样的一群人，他们有能力运用科学、数学和聪明才智去做从未做过的事情，去别人没有去过的地方，以及完成以前被认为不可能做到的事情，从而找到解决日常问题的办法。工程确实是一个引人注目和非同寻常的职业，包含很多学科，比如最古老的军事工程和土木工程，还有机械工程、电气工程、电子工程、化学工程，以及近代新兴的环境工程、机电一体化工程、生物医学工程、生物化学工程和其他尚未命名的学科。这些新学科的兴

起是工程的一个重要特征，不断打破通过聪明才智和聪明想法所能达到的界限。[①]

工程产生的显著影响，有古代遗址为证。希腊的雅典卫城和帕特农神庙、罗马斗兽场、埃及的金字塔以及玛雅、印加和阿兹特克帝国的城市和金字塔，是工程师聪明才智的证明。土木工程师和军事工程师建造了罗马水道和公路，比如阿皮亚大道，而中国的长城则为统治者的政治和军事防御雄心服务。对于普通人来说，工程师大约于公元前 2600 年在印度河流域、公元前 3300 年到公元前 2600 年在尼罗河三角洲建设了有长方形街道网格、宏伟建筑和公共浴室的城市。工程是政治、军事和经济力量的依托。

18 世纪在英国和其他欧洲国家发生的第一次工业革命是由蒸汽机等发明推动的，这些发明重塑了世界，拥有实施发明的手段和决心的人大幅提高了生产效率。19 世纪和 20 世纪第二次工业革命的技术进步是由供水和污水网络、路桥建设等发电和土木工程的发展引领的，工程作为一个职业迎来曙光。这些创新使各国从农业经济转变为制造业经济，从而提高了收入和繁荣程度，特别是在欧洲和北美。第三次工业革命发生在 20 世纪下半叶，是由计算技术和信息技术的进步推动的，信息时代从此开启。

工程师的创造力改变了世界，影响了全球几乎每个地方的人类生活质量。如今世界即将迎来第四次工业革命，数据、机器互联、物联网（IoT）将推

[①] 联合国教科文组织第一份工程报告将工程定义为"涉及技术知识、科学知识和数学知识的开发、获取和应用的领域或学科、实践、专业或艺术，为特定目的而了解、设计、开发、发明、创新和利用材料、机器、构筑物、系统和流程"。该报告探讨了十年前盛行的主要工程学科，以及对工程专业的迫切需求。自此之后，除了需求更加迫切，出现了新的工程学科之外，一切都没多大变化。为了实现可持续发展，满足每个人的基本需求，同时也保护地球、推动共同富裕而更加努力（UNESCO, 2010）。

动新的效率和创新。工程仍是这次革命的核心，新兴的创新和科学突破会把新观念转变为发明和产品。工程师要做的工作一如既往，继续利用科学、数学和训练有素的智力技能来变革世界。当今的主要区别是，变革步伐不断加快，以至于最近一百年的技术累积突破超过了最近几千年的技术突破。

工程师的工作不仅是塑造城市和产业，还会通过信息和通信技术（ICT）上的突破来改变社会和政治交往。仅最近 30 年，计算机和新的通信技术的使用就迅速增长。2007 年智能手机的发明改变了人们的社交行为。如今，年轻人简直无法想象没有智能手机的生活。技术还引发了社会和政治变革。例如，2012 年中东的"阿拉伯之春"抗议活动（Beaumont, 2011）、2017 年马来西亚的政治动乱（Abdullah and Anuar, 2018）都是由社交媒体引发的。在很多国家，社交媒体在选举中发挥着关键作用，年轻人的参与度前所未有，如果没有移动通信带来的极大便利，就不会出现这种状况（Newkirk, 2017）。

从各经济体的产量、生产效率和增长以及创新能力来看，工程的积极影响是显而易见的（Maloney and Caicedo, 2016）。在支持公路、铁路桥梁、大坝、通信、垃圾管理、供水和卫生设施等重要基础设施以及促进通信发展的数字基础设施的增长和发展方面，工程师发挥着关键作用。工程师可以促进一个国家的经济增长和发展，进而带来更好的经济和社会成果，比如：预期寿命延长，识字率提高，生活质量改善。

世界各国现在认识到，工程、科学和技术是经济增长的途径，现代经济离不开工程。有五大趋势影响着当今世界：快速城市化和大城市的快速发展、全球经济力量转移、气候变化、发达国家人口结构随着人口老龄化而变化、技术创新、创业文化的兴起。这些趋势推动人们认识到，一个国家的工程能力（即工程师的数量和"质量"）与经济发展之间存在重要联系。

在管理新冠肺炎病毒的影响和传播以及在利用创新技术检测、监测和防止病毒传播方面，工程师和工程创新一直冲在最前线。当人们进入重要场所时，传感器和人工智能用于测量体温，因为发烧是感染病毒的一个重要征兆。在城市地区，传感器用于监测污水，以追踪病毒传播情况。人工智能用于快速分析新疫苗和治疗方法的效果，三维制造用于生产防护面罩和其他需求量大的个人防护装置以及呼吸机等医疗设备。移动通信用于追踪和跟踪可能携带病毒的人。重要的是，通信为全球数百万年轻人在线学习和因封城而居家工作的人提供了便利（WFEO, 2020a）。

因此，在后疫情世界，人们会更加认为工程师和工程是对现代世界负责的，是各国发展各领域经济的主要驱动力，比如教育、卫生、交通、住房、智慧城市以及为所有人提供就业机会的产业等。

人口增长和城市化是推动工程师需求的关键领域。50% 以上的世界人口目前居住在城市，到 2050 年将增长 25 亿（UNDESA, 2014）。例如，根据麦肯锡全球研究院的研究，印度的城市化就像是一场革命，其速度相当于 19 世纪工业革命的 3,000 倍（Paul, 2016）。快速城市化需要为交通、空气质量、粮食安全、供水和卫生设施、能源和电信提供工程解决方案。对于遭受自然灾害和海平面升高的城市，工程师必须提出可持续的方法来缓解这些风险，提升抗灾能力。这些只是工程所带来的巨大经济和社会效益的少数例子。

"联合国全球可持续发展报告"（UN, 2019）确认了科学和技术作为实现《2030 年可持续发展议程》的四个手段之一，对于推动可持续发展、特别是城市的可持续发展十分重要。新技术在迅速发展，并且用于使城市更加智慧、安全和可持续。例如，信息和通信技术、物联网设备、视频和其他传感器用于监测并提供数据，进行城市管理（WFEO, 2020b）。一体化地理空间与建筑信息建模（BIM）等先进技术用于城市规划，包括数字孪生的使用，可保护遗产建筑，监测气候变化的影响，缓解自然灾害的影响，并且现在对于可持续发展至关重要（WFEO, 2020c）。这一点得到了国际电信联盟（ITU）和联合国教科文组织提出的"数字登月计划"的认可，该计划要在非洲建设宽带，加快经济增长和可持续发展（Broadband Commission, 2019）。同样，联合国全球地理空间信息管理专家委员会也建议，通过弥合"地理空间数字鸿沟"实现可持续的基础设施和城市发展（UN-GGIM, 2018）。

而且，工程师需求量不断增长，不仅是因为他们掌握了先进的技术技能，还因为他们在非洲、亚洲和拉丁美洲实施基础设施工程。例如，由中国提出的共建"一带一路"倡议（BRI）① 覆盖65个以上国家，将促进非洲、中亚和欧洲的公路、铁路和港口发展，并且将提升工程师需求量（Wijeratne, Rathbone and Lyn, 2017）。工程师将为新型智慧城市进行绿色基础设施的创新，并且开发可再生能源。对于缓解自然灾害风险、针对城市环境下的用水实施综合水资源管理方案，工程师也是不可或缺的（UNDESA, 2019）。

技术突破和新型企业家的崛起导致由工程师领导或支持的新型公司和初创企业激增。百度、阿里巴巴和腾讯等中国最大的新型公司和Flipkart、Ola等印度最大的新型公司正在推动一场革命，目前这

① 中国提出的"一带一路"倡议（BRI）是指丝绸之路经济带和21世纪海上丝绸之路。它连接非洲、中亚和欧洲，经过65个以上国家和地区，大约覆盖44亿人口和全球经济的三分之一。该倡议将需要建设大量的工程项目，包括建设公路、铁路、港口、机场等基础设施，以及发展制造能力，涉及大量投资、融资和贸易。

场革命正在向亚洲和非洲其他地方蔓延（ETtech, 2018）。这些公司创造了对经济其他领域具有溢出效应的新产业和就业机会。

工程师数量充足的国家，GDP增长所受到的积极影响很显著（CEBR, 2015）。然而，质量也和数量一样影响着工程项目的结果及其对经济的贡献。工程师不仅需要技术过硬，还需要体现21世纪的使命和价值观：负责任地使用资源，意识到其工作可能对社会和环境产生的影响，必须尽可能缓解这些影响，必须通过包容性发展来支持城乡人口，不让任何人掉队。一个国家必须要有自己的工程师储备库，吸纳本国最优秀的男性和女性人才，他们能够设计、建设和维护满足国家目标且符合公认的国际标准的工程项目，给经济带来最大效益。

工程在可持续发展中的作用

2015年9月，联合国大会193个成员国汇聚一堂，宣告对可持续发展目标的承诺。这17个目标是一种综合方法，用于指导履行减贫、满足许多人对基本设施（包括教育、健康和卫生设施）的迫切需求、性别平等的使命，应对气候变化影响和全球资源迅速枯竭。2015年12月，在《联合国气候变化公约框架》巴黎第21次缔约方大会（COP21）② 上，世界各国就全球减排目标达成一致，并承诺将气候变暖限制在2℃以下（UNFCCC, 2015）。

每个国家都要遵守承诺，并通过工程师的工作来履行承诺，17个可持续发展目标中每一个目标的实现都会需要工程（见表1）。这些全球挑战要求工程师发挥前所未有的聪明才智，制定和落实必要的解决方案，推动实现这些目标。现在我们需要工程师再次改变世界，帮助创建一个更加智慧的世界，

② 大会通过了《巴黎协定》。

一个致力于人人可持续发展的世界。这就需要新型工程和工程师将可持续发展价值观和目标融入其工作之中。政府、政策制定者和社区需要认识工程对于可持续发展的作用。"促进可持续发展世界工程日"等倡议在增强这种意识中发挥着关键作用（见框1）。

例如，2016年，全球约12%的人口家里没有电（Our World in Data[①]）。2015年，约十分之三的人（或21亿）无法获得安全的饮用水，约十分之六的人（或45亿）缺少安全管理的卫生设施（WWAP，2019）。应对这些挑战需要采用更加缜密的方法，将工程对社会、人类、经济和环境的影响考虑在内，而且，多数教育机构尚未将这种基于价值观的工程纳入工科课程。

框1 促进可持续发展世界工程日

3月4日"促进可持续发展世界工程日"是联合国教科文组织一年一度的工程师和工程庆祝日。

"促进可持续发展世界工程日"提案由世界工程组织联合会牵头提出，认可了工程在实现联合国可持续发展目标中的重要作用。"促进可持续发展世界工程日"是全球工程师和工程的节日，有利于发挥工程在现代生活中的重要作用，与社区、政府和政策制定者建立友好关系。

国际和国家机构、院校、联合国教科文组织全国委员会发来了80封支持函，它们代表着全世界2,300万工程师，估计对20亿人产生了影响。这项决议得到了联合国教科文组织各成员国的支持，并得到了各大洲40多个国家的支持，包括：孟加拉国、中国、科摩罗群岛、科特迪瓦、多米尼加、埃及、赤道几内亚、埃塞俄比亚、法国、加蓬、冈比亚、危地马拉、伊朗、伊拉克、约旦、肯尼亚、利比里亚、马达加斯加、马里、莫桑比克、纳米比亚、尼加拉瓜、尼日利亚、阿曼、巴基斯坦、巴勒斯坦、菲律宾、波兰、俄罗斯联邦、塞内加尔、坦桑尼亚、突尼斯、土耳其、沙特阿拉伯、塞尔维亚、英国、乌拉圭、津巴布韦等。各国的广泛支持表明，各国政府认可工程在可持续发展中的作用。

世界工程日的标识向全世界传达了工程的作用和可持续发展的意义，每个人都可以使用。世界各地共同庆祝世界工程日，以此为契机吸引媒体报道重大事件，进而增加工程的曝光率。社交媒体渠道特别受年轻人青睐，开展庆祝活动的机构会被要求通过专门网站登记，为庆祝活动造势。2020年，50个国家举行了90场活动，这些数字有望逐年增长，越来越受重视，因为每个国家都会开展庆祝工程的活动[②]，并且让世界工程日成为自己的节日。

United Nations
Educational, Scientific and
Cultural Organization

World
Engineering
Day

"促进可持续发展世界工程日"有助于和政府、企业建立友好关系，宣传工程的作用和对经济与社会的影响，认识全世界对工程能力和优秀工程师的需求，制定战略框架和最佳实践方案，进而落实可持续发展的工程解决方案。世界工程日还有助于鼓励年轻女性考虑从事工程职业的机会。

重要的是，"促进可持续发展世界工程日"可以用来吸引世界各地的年轻人，对他们说："如果想让世界变得更美好，就去做一名工程师吧。"

[①] 请访问 https://ourworldindata.org/grapher/number-of-people-with-and-without-electricity-access，了解有电和无电的人数。

[②] 若想了解"促进可持续发展世界工程日"详情，请访问：https://worldengineeringday.net/

确保数量充足：工程师供需状况

虽然工程师对于推动可持续发展目标和满足发展中国家的愿望至关重要，但目前世界面临着工程师数量和可用工程技能水准均不足的问题。

有限的全球统计数据表明，工程师需求量不断增长，发展中国家和发达国家的技术变革导致需求量不断增加。非洲需求量最大的领域是支持农业发展的农业工程和土木工程，目前占 GDP 的 15%，以及基础设施发展（Gachanja, 2019）。南非的工程师短缺量正在接近危机点（Nyatsumba, 2017）。

在发达国家，美国劳动统计局的数据表明，到 2024 年，涉及计算机技术和工程的职业将每年增加 12.5%，而且这些职业的薪资也会高于平均薪资（Fayer, Lacey and Watson, 2017）。经济与合作组织（OECD）的数据也表明，随着全球经济的数字化转型，工程类和信息通信技术类工作岗位增速最快（OECD, 2017a）。世界经济论坛完成的《2016 年就业前景报告》也表明，到 2020 年，上述领域对工程师的需求会最大（World Economic Forum, 2016）。软件工程师、土木工程师、机电工程师在全世界很多国家都很抢手，一些地区出现了严重短缺（OECD, 2017b）。

女性在工程领域的参与度也存在巨大缺口，这一问题亟须解决，不仅要增加全世界现有工程师的人数，还要确保最优秀的人才能够解决可持续发展带来的挑战（UNESCO, 2018）。[1] 第二章探讨了关于提升工程多元化和包容性的问题。

显然，政府政策需要立足于为经济增长和繁荣提供必要数量的工程师。政府需要提升工程作为一种职业对青年男女的吸引力，并确保提供必要的资金

---

[1] 没有关于女性在工程领域参与度的全球数据；然而，来自澳大利亚、加拿大、新西兰、美国等各国的证据以及传闻中的证据显示，女性在工程领域的参与度较低。联合国教科文组织 STEM 与两性平等（SAGA）项目旨在解决这方面数据缺乏的问题。

支持和制度支持，助力更多工程师顺利毕业。在政府政策方面，马来西亚为各国树立了成功典范，采用战略方法推行科学、技术、工程和数学（STEM）教育，使得过去十年来男女工程师数量大幅增长（MOHE, 2010）。同时还需要强调，工程师和工程在过去对社区做出了贡献，并且能让未来世界变得更美好。

掌握必要的技能：工程师的素质不仅是技术能力

许多国家面临的一个关键问题是，不仅要确保毕业工程师人数足以满足经济需求，而且还要确保毕业生的素质（见第四章）。很多国家培养出大量毕业生，但他们缺乏必要的基本技能，无法胜任称职工程师的工作。可持续发展使命亟须审核工科课程，将用人单位和社会所要求的新技能纳入课程之中，以应对相关挑战，即缓解气候变化的影响，并确保工程项目满足社会愿望和需求。

工科人力资本发展的生态系统主要是国家的事情。该生态系统由工程教育机构和组织机构组成。这些机构通过认证程序确保教育质量，并通过注册系统对执业工程师进行监管。

工科毕业生的素质通常通过教育领域的政府部门或专业工程机构委托相关机构进行认证来保证。工程师的持续专业发展和能力主要通过专业工程机构提供的培训来保证，这些院校授予"特许"工程师等专业证书。工程师的注册可由根据政府立法或者在专业工程机构的支持下运营的注册机构进行。这个系统很复杂，国与国之间有所不同，并且因一个国家内的工程学科而各异。一般而言，出于建筑物和其他构筑物的安全考虑，涉及施工（土木、结构、机电施工）的工程学科由政府监管。政府对纳米工程、生物医学工程等工科新学科实行低程度的正规监管，

或者不实行正规监管。

国际多边或双边协议可促进已达到约定标准的工程教育系统进行互认（Hanrahan, 2013）。这些协议很重要，有助于确保国家系统达到相对于国际基准的适当标准。有很多涵盖单学科或多学科的区域和国际系统[①]。最大的两个多边协议是：欧洲工程教育认证联盟（ENAEE[②]），授权认证和质量保证机构主要向欧洲通过认证的工科学位项目授予 EUR-ACE® 标签，有 22 个签约国；国际工程联盟（IEA）管理着 30 个国家和地区签署的七个与工程教育以及工程师、技师和技术员专业能力相关的多边协议（IEAgreements.org[③]）。在拉丁美洲，2016 年签署的《利马协议》[④] 提供互认，目前有七个签约国，其规则和程序以及网站正在制定开发之中。

软件工程等新兴工程学科由其他协议管辖，比如《首尔协议》[⑤]，该协议目前提供计算与信息技术项目的互认，有八个签约国。另外，单学科全球机构提供工程教育项目的认证，比如：面向电气和电子专业人员的电气与电子工程师协会（IEEE）[⑥]；化学工程课程通常由英国化学工程学会（IChemE.org）[⑦] 认证；一些国家认证机构，比如美国的工程与技术认证委员会（ABET）[⑧]，为各种系统提供国际认证服务，很多国家的院校通过这一途径达到了国际基准，

---

① 例如，请参阅：https://www.abet.org/global-presence/mutual-recognition-agreements/

② 欧洲工程教育认证联盟官方网站：www.enaee.eu

③ IEAgreements.org 官方网站：www.ieagreements.org

④ 《利马协议》官方网站：https://limaaccord.org/

⑤ 《首尔协议》官方网站：https://www.seoulaccord.org

⑥ IEEE 认证委员会：www.ieee.org/education/accreditation/accred-committees/ceaa.html

⑦ IChemE.org. 大学：学位认证，请参阅 www.icheme.org/education/universities-accredit-your-degree

⑧ 工程与技术认证委员会官方网站：www.abet.org/

不过费用不菲。

显然，全国性和国际性的工程教育互认和工程教育项目认证系统都很复杂。这意味着，要进行工程能力的建设，也就是增加工程师的数量、提升工程师的质量，就需要支持整个生态系统的发展。各国需要付出巨大努力，建设工程教育生态系统的能力，使得各院校提升自己的标准，满足用人单位对于称职工程师的要求，并满足各国的可持续发展需求。

互认协议的多数签约成员都是中高收入国家和地区。各种互认协议的签约国寥寥无几，意味着在达到全球工程教育标准方面，非洲、亚洲和拉丁美洲大部分国家都落后了。在很多国家，认证机构或专业工程机构等必要组织根本就不存在。

在培养急需必要技能的工程师的能力上，目前许多国家存在巨大缺口。例如，工程学者可能需要达到理想毕业成果方面的培训和辅导，并且可能需要建立认证体系，以确保教育机构是地地道道拥有适当资源和系统的机构，能够提供持续的专业培训，维持工程学者的能力。在多数国家，能力建设的努力往往聚焦于生态系统的某个部分（通常是工科大学）。在国际层面，缺少资金意味着这些系统的开发以及所需的支持取决于少数志愿者的工作，因此进展非常缓慢。

未签署多边协议的国家需要紧急行动起来，提供辅导和支持，以确保实力强大的院校发展成为国家工程教育系统的一部分，能够培养出符合所需标准的工科毕业生。这不仅可确保这些国家高效利用教育资源，还会加快培养具有必要技能、能够为国家做出有效贡献的新一代工程师。

在国际层面上最好采取协同行动。由联合国教科文组织牵头，世界工程组织联合会（WFEO）等组织以及世界银行等资助机构可确保某一项全球工程标准得到认可，避免各系统碎片化。碎片化只会带

来具有潜在负面影响的多重系统和标准，从而阻碍可持续发展目标的实现。

考虑到被抑制的需求很大，过去五年来已经开发了多个系统也就不足为奇了，这可能导致某个已经很复杂的系统进一步碎片化。例如，亚太工程组织联合会（FEIAP）为亚太机构建立了辅导和支持项目。通过《FEIAP工程教育指南》（FEEG）进行机构认可，从而使工程师注册认可为"APEC工程师"。虽然建立辅导与支持项目的初衷是支持面临巨大需求的亚太国家，但通过尼日利亚工程监管委员会（COREN）将辅导和支持扩展到了尼日利亚和卢旺达（Chuah，2013；Liu, Liang and Than, 2016）。数字丝路"百校工程"计划（DHUCP）是中国的曙光瑞翼教育合作中心与总部位于马来西亚的发展中国家工程技术科学院（AETDEW）的一个合作项目，旨在支持"一带一路"倡议（BRI）68个国家的培训与技能发展（AETDEW, 2019）。目前该项目的重点是新信息技术，包括人工智能和大数据，但是也可以扩展，进而包括其他工程学科，并且可能成为新的工程教育标杆。

德国联邦政府增加了工程教育合作预算，特别是与撒哈拉以南非洲国家的合作。德国各大学正在寻求将德国的工程知识传授给非洲，并按照欧洲标准开展研究与教育方面的合作（Sawahel, 2018）。

英国皇家工程院（RAEng）全球挑战研究基金（GCRF）非洲催化剂项目收到了英国国际发展部（DfID）[1]的大量资金，用以支持非洲的能力建设和专业工程机构的发展，并且吸引更多女孩学工科[2]。劳埃德基金会提供了进一步资助，启动了全球工程能力评估项目(RAEng, 2020)，该项目建议"培养能够按要求开展工作的高素质工程师"，并提供更准确的全球工程数据，这与本章提出的建议一致。

国际工程教育学会联盟（IFEES）[3]全球工学院院长理事会（GEDC）等其他机构致力于对发展中国家的工科学者进行培训和辅导，从而提高工程教育标准。世界土木工程师理事会（WCCE）也在审核现行的土木工程教育标准，确保其能够满足当前和未来的产业需求[4]。

世界工程组织联合会（WFEO）作为最高工程机构，代表着近100个国家和3,000万工程师，正在领导工程教育能力建设的行动。世界工程组织联合会的影响力遍及全球，职责范围涵盖所有工程学科。因此在主持和协调相关项目中发挥着关键作用，旨在制定公认的工科毕业生素养与专业能力国际基准，并且长期培养实现可持续发展目标所需的工程能力。

世界工程组织联合会动员学术界和大学、政府、产业界、商业和专业工程机构组成的工程生态系统成为伙伴关系中的利益攸关者，优化工程产出，为所有人带来最佳成果。世界工程组织联合会的国家会员和国际会员是领先的专业工程机构，在上述努力及制定特定国家和区域的响应措施中发挥着关键作用。

作为通过伙伴关系推进可持续发展目标（可持续发展目标17）的典范，世界工程组织联合会与以下重要国际工程组织建立了伙伴关系，在工程教育和商业领域开展协同行动：

● 国际工程联盟（IEA），主持关于工程资格互认的国际协议。

● 国际工程教育学会联盟（IFEES）和全球工学院院长理事会（GEDC），其成员为工程教育机构和走在工程教育最前沿的学者。

● 国际咨询工程师联合会（FIDIC），全世界

---

[1] 国际发展部已被外交、联邦和发展事务部（FCDO）取代。

[2] 若想了解更多信息，请访问：https://www.raeng.org.uk/global/sustainable-development/africa-grants/africa-catalyst

[3] 若想了解更多信息，请访问：www.ifees.net/iidea

[4] 若想了解更多信息，请访问：https://wcce.biz/index.php/issues/education/268-effed

咨询工程协会的最高机构，代表工程咨询行业的用人单位和大约 40% 的世界工程师。

- 国际女科技人联络网（INWES），全世界女工程师和科学家协会的最高机构，代表全球 STEM 领域妇女和女孩的声音。

- 联合国教科文组织主要二类中心：侧重于工程领域能力建设南南合作的马来西亚国际科技与创新中心（ISTIC），以及侧重于发展中国家工程教育能力建设的中国工程院与清华大学共同建立的国际工程教育中心（ICEE）。

工程组织网络不断发展壮大，将工程生态系统的利益攸关者汇聚在一起，产生统一结果，支持国际工程教育标准，并确保工程师的互认和全球流动。该网络使具有所需教育、培训和经验的工程师得以部署在全球最需要的地方，制定可持续发展解决方案。

工程教育的具体要求是第四章的主题，这里不予赘述。框 2 提供了由世界工程组织联合会牵头的项目详情（WFEO, 2018）。

在审核专业工程师、技师和技术员的毕业生素养及其进入职场后的专业能力的基准方面，联合国教科文组织、世界工程组织联合会、国际工程联盟取得了长足进展。这些变化包括：注重对信息技术、数据和分析的利用，能够学习和适应新技术和新兴技术，增强对社会和环境的责任感，整合实现可持续发展目标的需求，采用综合方法制定工程解决方案，将人、地球和繁荣考虑在内。另一项成就是嵌入了各种文化、行为和价值观，使工程专业更加多元和包容，以广泛的伦理方法和责任制定工程解决方案。疫情导致的封锁推动了工程专业的线上交流和咨询活动，全球接受速度非常快，表明工程师认识到了需要赶快做出改变，以维持社会对当代相关解决方案的许可。

各国政府和联合国教科文组织及世界银行等资

助组织在支持上述活动中发挥着关键作用。相关工作计划已确定并排程，指出了系统的多重性，提出需要制定符合目前和未来需求的工程教育标准，提出了支持发展中国家全国工程教育标准的要求。资助将决定变革的速度会有多快，但这些举措具有巨大的潜在影响，并且将惠及全世界。

框 2　世界工程组织联合会 2030 年工程计划

世界工程组织联合会制定了一项计划，以满足对优质工程师的需求，从而促进可持续发展目标的实现。2018 年初建立了相关项目，作为该计划的一部分将持续到 2030 年，每年报告进展情况。

由世界工程组织联合会及其国际合作伙伴开发的正在进行的和未来的项目包括：

- 审核现行的关于毕业生素养和专业能力的国际工程教育基准，以确保其符合目前和未来用人单位的要求，并且融入可持续发展、多元化和包容的价值观和原则以及符合道德规范的工程实践。本报告中的建议是对该项目的重要意见。该项目是联合国教科文组织、世界工程组织联合会和国际工程联盟（IEA）合作的项目，目前进展顺利。

- 提高国家工程系统（包括工程教育工作者的培训）内的工程教育标准，进而通过已达到国际标准的机构提供的辅导和支持计划，扩展工程教育多边认可的范围，推动工程师的专业发展。这些机构是世界工程组织联合会的国家成员，目前在非洲、亚洲和拉丁美洲获得支持。

- 促进终身专业培训，与工程师主要用人单位 [比如：国际咨询工程师联合会（FIDIC）] 合作，在工程师的整个职业生涯中为其提供支持，世界工程组织联合会的国家成员将为该培训提供交付机制。

- 通过吸引女孩学习科学和数学并且考虑工程领域职业的项目，提高妇女和女孩在工程领域的参与度，促进调整课程设置和专业发展要求，帮助把女性留在工程领域。本报告中的建议指出了工程领域的多元化和包容性，是对该项目的重要意见。

- 支持支持位于中国清华大学的 UNESCO 国际工程教育中心（ICEE）、马来西亚国际科学技术与创新中心（ISTIC）等联合国教科文组织二类中心以及非洲和美洲其他中心的活动。

- 与国际工程联盟和联合国教科文组织合作，共同支持工程资格和专业证书的区域和国际认可制度。

结论

几千年来，工程师一直在改变着世界。科学、工程和技术进步带来的工程解决方案为连续几次工业革命奠定了基础，工业革命推动了经济增长。在新冠肺炎疫情封锁期间及第四次工业革命伊始，世界比以往任何时候都需要工程师。工程师和工程技能对于经济增长和推进可持续发展目标至关重要。

然而，政府、政策制定者和广大社区对工程师和工程在现代社会和推进可持续发展中的作用缺乏了解。同时全球也缺少工程师，特别是拥有能够应对可持续发展挑战的技能的工程师。还需要注意妇女和女孩在工程领域参与不足的问题。她们的参与不可或缺，有助于增加工程师数量，确保思想多元化和创新，这对于制定实现可持续发展目标所必需的解决方案至关重要。

政府、产业界、学术界和工程专业需要采取紧急行动进行合作，以增加工程师数量，资助和支持对工科毕业生素养和实现可持续发展目标所需的持续专业能力实行国际统一的标准。这些标准需要在全世界得到认可，并成为国家工程教育系统的基础，以便培养具有适当技能的工程师，特别是在亚洲、非洲和拉丁美洲。这一行动对于推进《2030年可持续发展议程》至关重要，时不我待，只争朝夕。

建议

1. 政府、工程教育工作者、产业界和专业工程机构需要促进人们进一步了解工程师和工程在创建更加可持续的世界中所发挥的关键作用。

2. 政府、工程教育工作者、产业界和专业工程机构需要合作，资助和支持相关战略，增加工程师数量，出台国际统一的工科毕业生素养标准，促进专业能力不断提升，确保工程师具备高素质，从而实现可持续发展目标。这些基准需要在全世界得到认可，并成为国家工程教育系统的基础，以便培养具有适当技能的工程师，特别是在亚洲、非洲和拉丁美洲。

3. 政府和政策制定者应采取紧急行动，鼓励更多年轻人、特别是女孩把工程作为职业，从而解决工程师数量不足的问题，并确保思想多元化和包容性参与，这对于实现可持续发展目标至关重要。

参考文献

Abdullah, N. and Anuar, A. 2018. Old politics and new media: Social media and Malaysia's 2018 elections, *The Diplomat*, 8 May. https://thediplomat.com/2018/05/old-politics-and-new-media-social-media-and-malaysias-2018-elections

AETDEW. 2019. Data@China Hundred Universities Project (DCHUP).The Academy of Engineering and Technology of the Developing World http://en.aetdewobor.com/?page_id=2096

Beaumont, P. 2011. The truth about Twitter, Facebook and the uprisings in the Arab world, *The Guardian*,25 February. www.theguardian.com/world/2011/ feb/25/twitter-facebook-uprisings-arab-libya

Broadband Commission. 2019. *Connecting Africa Through Broadband.A strategy for doubling connectivity by 2021 and reaching universal access by 2030.* Broadband Commission Working Group on Broadband for All: A 'Digital Moonshot for Africa'. International Telecommunication Union (ITU)-UNESCO.

CEBR. 2015. *The Contribution of Engineering to the UK Economy– the Multiplier Impacts.* A report for Engineering UK. London: Centre for Economics and Business Research Ltd. www.engineeringuk.com/media/1323/ jan-2015-cebr-the-contribution-of-engineering-to- the-uk-economy-the-multiplier-impacts.pdf

Chuah, Hean Teik. 2013. Engineer mobility and FEIAP engineering education guideline. http://feiap.org/wp- content/uploads/2013/10/Engineer%20Mobility%20 and%20 FEIAP%20Guideline%202013%20.pdf

ETtech. 2018. Economic Times India start up barometer 2018,17 August. https://tech.economictimes.indiatimes.com/ news/ startups/et-india-startup-barometer-2018/65434582

Fayer, S., Lacey, A. and Watson, A. 2017. *STEM occupations: Past, present, and future.* Washington, DC: US Bureau of Labor Statistics. www.bls.gov/spotlight/2017/science-technology- engineering-and-mathematics-stem-occupations-past- present-and-future/pdf/science-technology-engineering-and- mathematics-stem-occupations-past-present-and-future. pdf

Gachanja, N. 2019. 10 most sought after jobs in Africa. www. africa.com/top-10-most-sought-after-jobs-in-africa

Hanrahan, H. 2013. Towards global recognition of engineering qualifications accredited in different systems.Presentation at the ENAEE Conference, Leuven, Belgium, September 2013. https://www.enaee.eu/wp-content/ uploads/2018/11/ HANRAHAN-Paper-130820.pdf

Liu, M., Liang, J.L. and Than, C. 2016. IEET's mentoring of Myanmar in engineering accreditation system. Paper presented at the 5th ASEE International Forum, New Orleans,25 June 2016. https://peer.asee.org/ieet-s-mentoring-of-myanmar-in-engineering-accreditation-system

MOHE Malaysia. 2010. *The National Higher Education Strategic Plan Beyond 2020.* Putrajaya: Ministry of Higher Education. www.ilo.org/dyn/youthpol/en/equest. fileutils.dochandle?p_uploaded_file_id=477

Maloney, W.F. and Caicedo, F.V. 2016. Engineering growth: Innovative capacity and development in the Americas. CESifo Working Paper Series 6339. http://eh.net/eha/ wp-content/uploads/2016/09/Engineers-County7A.pdf

Newkirk, V.R. 2017. How redistricting became a technological arms race, *The Atlantic*, 28 October. www.theatlantic. com/politics/archive/2017/10/gerrymandering- technology-redmap-2020/543888

Nyatsumba, K.M. 2017. South Africa's escalating engineering crisis. www.iol.co.za/business-report/south-africas- escalating-engineering-crisis-11670238

OECD. 2017a. *OECD Science, Technology and Industry Scoreboard 2017.* Organisation for Economic Co-operation and Development. Paris: OECD Publishing. www.oecd-ilibrary. org/science-and-technology/oecd-science-technology- and-industry-scoreboard-2017_9789264268821-en

OECD. 2017b. *Getting skills right. Skills for jobs indicators.* Organisation for Economic Co-operation and Development. Paris: OECD Publishing. https://read. oecd-ilibrary. org/employment/getting-skills-right- skills-for-jobs-indicators_9789264277878-en#page1

Paul, A. 2016. India's urbanization is like a revolution: McKinsey's Jonathan Woetzel. *Live Mint*, 19 August. www. livemint. com/Companies/RwcwV8fmZJIkAOljuywblK/ Indias- urbanization-is-like-a-revolution-McKinseys-Jonath.

html

RAEng. 2020. *Global Engineering Capability Review*. London: Royal Academy of Engineering. https://www.raeng.org.uk/ publications/reports/global-engineering-capability-review

Sawahel, W. 2018. Practice-oriented German universities reach Africa, *University World News*, 13 November. www. universityworldnews.com/ post.php?story=20181113091432460

UN. 2019. *Global Sustainable Development Report 2019: The Future is Now. Science for Achieving Sustainable Development*. New York: United Nations. https://sustainabledevelopment. un.org/content/documents/24797GSDR_report_2019.pdf

UNDESA. 2014. *World Urbanization Prospects: The 2014 Revision, Highlights*. Department of Economic and Social Affairs, Population Division. New York: United Nations. https://esa. un.org/unpd/wup/Publications/Files/WUP2014-Highlights.pdf

UNDESA. 2019. *World Urbanization Prospects 2018 Highlights*. Department of Economic and Social Affairs, Population Division. New York: United Nations. https://population. un.org/wup/Publications/Files/WUP2018-Highlights.pdf

UNESCO. 2010. *Engineering: Issues, challenges and opportunities for development*. United Nations Educational, Scientific and Cultural Organization. Paris: UNESCO Publishing.

UNESCO. 2018. Telling SAGA: Improving measurement and policies for gender equality in science, technology and innovation. SAGA Working Paper 5. United Nations Educational, Scientific and Cultural Organization. Paris: UNESCO Publishing. https://unesdoc.unesco.org/ark:/48223/ pf0000266102

UNFCCC. 2018. *The Paris Agreement*. United Nations Framework Convention on Climate Change. https:// unfccc.int/files/ essential_background/convention/ application/pdf/english_ paris_agreement.pdf

UN-GGIM. 2018. *Integrated Geospatial Information Framework*. United Nations Committee of Experts on Global Geospatial Information Management and the World Bank. https://ggim. un.org/meetings/GGIM-committee/8th-Session/documents/ Part%201-IGIF- Overarching-Strategic-Framework-24July2018.pdf

WFEO. 2018. *WFEO Engineering 2030. A Plan to advance the achievement of the UN Sustainability Goals through engineering*. Progress Report No. 1. Paris: World Federation of Engineering Organizations. www.wfeo.org/ wp-content/ uploads/un/WFEO-ENgg-Plan_final.pdf

WFEO. 2020*a*. *Covid-19 Information Portal*. Paris: World Federation of Engineering Organizations. http://www. wfeo. org/covid-19-proposals-from-engineers/

WFEO. 2020*b*. Smart Cities – Adoption of Future Technologies. Committee for Information and Communication, Paris: World Federation of Engineering Organizations. https:// worldengineeringday.net/wp-content/ uploads/2020/03/ Smart-City-IOT-WFEO-Version-1.pdf

WFEO. 2020*c*. The Value of Integrated Geospatial and Building Information Modelling (BIM) solutions to advance the United Nations Sustainable Development Goals (Agenda 2030) with specific focus on resilient infrastructure.Paris: World Federation of Engineering Organizations, World Geospatial Industry Council, UN Committee of Experts on Global Geospatial Information Management. https://www. wfeo.org/wfeo-wgic-unggim-white-paper-geospatial-engg-sustainable-development/

WFEO. 2020*d*. *Declaration: Global Engineering Education Standards and Capacity Building for Sustainable Development*. Paris: World Federation of Engineering Organizations. http://www. wfeo.org/wp-content/uploads/ declarations/UNESCO_ IEA_WFEO_Declaration_Global_ Engg_Education.pdf

Wijeratne, D., Rathbone, M. and Lyn, F. 2017. *Repaving the ancient Silk Routes*. PwC Growth Markets Centre. www.pwc. com/ gx/en/growth-markets-centre/assets/pdf/pwc-gmc-repaving-the-ancient-silk-routes-web-full.pdf

World Economic Forum. 2016. *The Future of Jobs. Employment, Skills, and Workforce Strategy of the Fourth Industrial Revolution*. The Global Challenge Insight Report. Geneva: World Economic Forum. www3.weforum.org/docs/WEF_ Future_of_Jobs.pdf

WWAP. 2019. *United Nations World Water Development Report 2019. Leaving no one behind*. World Water Assessment Programme. Paris: UNESCO Publishing. https:// unesdoc. unesco.org/ark:/48223/pf0000367306

表 1 工程与联合国可持续发展目标

可持续发展目标 1

工程的作用

工程可消除城市极端贫困。
© Marlene Kanga

工程可推动经济增长，缓解贫困。公路、铁路、电信等基本基础设施的发展支撑着现代经济。

然而，要开发相关技术，确保人人享有清洁饮水和卫生设施、可靠能源、清洁烹饪燃料等基本服务（SDG Tracker[①]），还有很多工程工作要做。由于开发这种基础设施的传统方法耗资不菲，工程师们正在开发创新方法和新技术来应对这些挑战（请参阅可持续发展目标 6：清洁饮水和卫生设施；可持续发展目标 7：廉价和清洁能源）。

除了基本服务之外，低收入国家的很多人口还需要享用最新技术。低成本创新推动低收入用户可获取的可负担、可靠的新技术发展成为可能（Chabba and Raikundalia，2018）。例如，在印度，一亿多低收入用户（主要在农村）用上了价格低于 25 美元的手机。这些设备大大改善了通信，使用户能够更好地管理其工作、农场生产和资金（LiveMint，2019）。

印度工程师还促进了人人享有便宜低价的个人和家庭交通工具，这对于提高生产效率至关重要。塔塔"Nano"汽车实现了低价交通工具的突破，创新颇多，重量只有 600 千克。工程师在该领域不断创新，开发了电动车和太阳能车。这种低成本创新具有巨大的溢出效应，有助于小企业的创业和发展，并通过小企业创造就业机会。

可持续发展目标 2

工程的作用

印度粮食生产耕作通过工程实现了机械化。© Marlene Kanga

工程促成了农业和粮食生产的机械化，化肥和杀虫剂的使用提高了生产效率。这些进步是农业工程师、机械工程师和化学工程师的功劳。

电子工程师和农业工程师进行了可持续发展的未来技术创新，包括：用监测土壤水分和状态的自动感应器优化稀缺水和肥料的输送；用机器人施用肥料和杀虫剂，并进行除草和种植；用通信技术进行天气监测，进行自然灾害预报和预警，为农民提供准确、最新的潜在收获信息，这对于实现全球粮食安全至关重要（GEO，2020）。

以技术加强粮食安全的一个全球范围的方法典范是饥荒预警系统网络，这是一个卫星和地球监测与遥感技术网络，提供粮食安全预警和分析。该网络由美国国际开发署（USAID）资助，连通美国国家航空航天局（NASA）、国家海洋和大气局（NOAA）、美国农业部（USDA）和美国地质勘探局（USGS）。

卫星和地面监测与高级数据管理用来监测非洲和亚洲 34 个国家的气候和粮食安全，有助于救济机构为人道主义危机做好准备，并采取应对措施（FEWS[②]）。

工程师还利用相关技术帮助当地农民。例如，FarmerLink 计划是一项创新的基于手机的农民咨询服务，将贫困椰子农户链接到一个预警系统和菲律宾的市场买主，使农民享受到至关重要的农业培训和金融服务（Gatti，2018）。

[①] 请访问 https://sdg-tracker.org/no-poverty，搜索 SDG Tracker 链接中的"消除贫困"。

[②] 饥荒预警系统网络官方网站：https://fews.net/sobre-n%C3%B3s

3 良好健康与福祉

人工智能摄像头视觉用于检测人群中的发热患者。© Marlene Kanga

工程的作用

工程根除了伤寒、霍乱等多种疾病，改善了水和卫生设施，从而改善了全球健康状况。通过提供四肢医疗器械，以及改善听力、心脏健康和大脑功能，生物医学工程的发展进一步提高人们的生活质量。机器人、电脑视觉和人工智能都将继续推动健康状况的改善。

例如，电脑视觉技术用于各种类型的扫描检查，进行诊断和检测，这些技术本身就是先进技术的结果。人工智能和大数据用于分析健康数据趋势，对疾病的原因和管理产生新的见解。3D 打印等先进技术用于生产与个人身体尺寸非常匹配的假肢和人体其他部位，从而提高人体的舒适度。同时，激光、机器人和微型摄像头技术彻底改变了外科手术程序。

人人享有健康技术是一项重点可持续发展目标。开发低价医疗器械，包括心电图仪、超声波机器、低价假肢和医疗器械，推行低价手术，比如白内障眼科手术等，正在改善低收入国家数百万人的健康状况。

通用电气公司的工程师开发了一种低价便携式心电图仪，可以带到偏远农村。它只需要电池供电，界面简单，只有两个按钮（减少培训需求），价格不到发达国家所使用传统机器的10%，大大方便了发展中国家农村地区的健康诊断（GEHealthcare, 2011; NESTA, 2019）。

另一项低成本创新是义足[1]，这是为膝以下截肢人员提供的一种橡胶型假肢。这项发明使得成千上万残疾人行动更加方便。

HealthCubed 是一家初创公司，为发展中国家、特别是偏远地区提供低价慢性疾病医疗诊断服务。该公司利用低价手机、数据分析和云数据存储与存取技术，帮助临床医生诊断疾病，包括心脏病、糖尿病和其他慢性病（Healthcubed[2]）。

新冠肺炎疫情封锁期间的工程响应措施推动了远程医疗技术的应用，将医疗服务延伸到偏远农村社区（Keshvardoost, Bahaadinbeigy and Fatehi, 2020）。生物医学工程师正在努力探索检测和治疗病毒的方法（Washington University, 2020），工程师正在为医务人员的个人防护装备制订 3D 打印解决方案和先进制造解决方案（Zhang, 2020），人工智能用于快速跟踪疫苗开发情况（Ross, 2020）。

4 优质教育

年轻工程师学习工程与可持续发展方面的知识。© WFEO

工程的作用

各级教育——小学、中学和高等教育——是发展的关键推动器（Roser and Ortiz-Ospina, 2019）。工程师通过创造在线学习工具等新技术以及依赖快速通信的技术，推动教育的实施。这些进步方便了学生上网，减少了学生的花费。Wi-Fi 技术是 1977 年由澳大利亚工程师 John O'Sullivan 发明的，目前全世界超过 400 亿台设备在使用 Wi-Fi，支撑了教育发展，促进了数百万其他应用[3]。

通过迅速发展低成本卫星设备和其他航空设备，为偏远和低收入社区提供信息和服务，软件工程师和电信工程师正在快速推广上网，发展互联互通世界。印度政府利用售价 35 美元的"Aakash"或"Ubislate"平板电脑等低成本技术，使 25,000 所专科院校和 400 所大学开通了在线学习项目。目前，E-learning 可以提供来自从世界顶尖大学到最贫

---

① 想了解更多关于官网义足的信息，请访问：https://www.jaipurfoot.org/how-we-do/technology.html

② Healthcubed 官方网站：https://www.healthcubed.com/

③ 若想了解更多信息，请访问：https://www.csiro.au/en/Research/Technology/Telecommunications/Wireless-LAN

穷国家的各种教育方案（Datawind[1]）。

利用人工智能开发的"聊天机器人"可回答学生的日常问题，从而促进快速学习。工程师正在开发学习系统，利用人工智能推动传统教学方法的进步，提供与当地相关的、包容两性和各民族、动态和互动的个性化内容和教学。这种技术能够实时跟踪学生进步情况，预测未来学习表现并采取纠正措施，并且支持经验丰富的教师以低成本取得优异的学习成果（Marr，2018）。

由于全球超过十亿学生受到了疫情封锁措施的影响无法上学，通信网络为所有人提供包容性学习机会至关重要；这是一个重大的模式转换，其影响将持续到 2020 年以后[2]（UNESCO，2020）。

可持续发展目标 5

5 性别平等

工程的作用

确保女性获得技术和工程将有助于缩小性别差距，确保女性能够受益于并且参与技术革命，以及担任领导职位（SDG Tracker[3]）。

联合国经济与社会理事会（ECOSOC，2017）在妇女地位委员会（CSW）上发表的一次声明确认先进自动化、电信、机器人和 3D 打印等新技术可能会改变女性的工作环境，使更多女性进入数字化互联职场。

女性参与先进技术、特别是工程技术的发展，对于实现可持续发展目标至关重要。思想多样性对于创新和制定体现社区标准、价值观和愿望的解决方案至关重要。

女工程师在高压电气系统上作业。
© 中国电气工程学会

认识到这一必要性，专业工程机构一直在制订战略方法，提高女性在工程领域的参与度（Diversity Agenda[4]；Engineers Canada，2019；RAEng[5]）。到 2027 年，WomEng 等突破性项目将吸引 100 万女孩学习科学、技术、工程和数学（STEM），在非洲产生巨大影响（WomEng[6]，2019）。其他项目展示了女工程师作为领导者所取得的成就，以及改变工作文化以获得更具包容性职业的战略（IFEES，2019；Kanga，2014）。

工程师开发的新技术赋予了女性使用者更多权力。例如，移动通信和互联网使女性享受到不同部门针对不同收入水平的人群提供的银行服务、金融服务和信息服务。在很多国家，这些新技术和通信系统支持了女性、特别是小企业的创业发展。女性上网将促进健康、教育和儿童保育等领域的信息流动，从而取得更好的成果。生物识别系统等其他新技术可确保女性的人身安全，使女性能够拥有土地和资产，使其能够获得准确的个人教育和医疗记录，并帮助她们活跃于金融系统。

---

[1] 若想了解更多关于 Ubislate 平板电脑生产商 Datawind 的信息，请访问：http://www.datawind.com/about-datawind.html

[2] 请访问 https://iite.unesco.org/news/global-education-coalition-for-covid-19-response/，进一步了解联合国教科文组织新冠肺炎响应全球教育联盟。

[3] 请访问 https://sdg-tracker.org/gender-equality，搜索 SDG Tracker 链接中的"性别平等"。

[4] 多元化议程官方网站：https://www.diversityagenda.org/，新西兰工程。

[5] 请访问 https://www.raeng.org.uk/policy/diversity-in-engineering，参阅英国皇家工程院网站关于多元化和包容性的内容。

[6] WomEng 官方网站：https://www.womeng.org/

可持续发展目标6

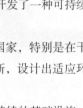

6 清洁饮水和卫生设施

先进的工程技术利用激光扫描来监测莫桑比克卡布拉巴萨大坝（世界最大的大坝之一）。©Antonio Berberan, Eliane Portela and João Boavida

工程的作用

土木工程师和环境工程师通过提供清洁饮水和污水处理技术挽救了数十亿人的生命。这些进步已经在发达国家根除了许多水传播疾病，比如霍乱和伤寒。电气工程师和机械工程师继续确保这些系统在世界各地的可靠运行。最近在水处理和再循环方面的创新确保了人人享用清洁饮水，即使在干旱地区也是如此。然而，全球仍然有10亿多人得不到清洁水，20亿人得不到基本的卫生设施（DG Tracker[①]）。为应对这一挑战，包括工程师在内的各方都需要紧急行动起来。

新的系统正在取代传统的基于项目的水和卫生设施服务方法。例如，"改革议程"（A4C）通过在一些非政府机构之间建立伙伴关系，政府机构建立伙伴关系（见可持续发展目标17：促进目标实现的伙伴关系），从而促进全国和地方系统提供经济划算、可持续的服务（WASH Agenda for Change[②]）。

工程师们也在开发新技术，利用智能传感器评估地下水的可利用性，他们还在利用金属有机框架进行低能耗净水系统方面取得进展。在小规模技术方面，由女性领导的Banka BioLoo公司[③]开发了一种可持续的小规模技术，用以消除露天排便和管理固体生物废物。

气候变化的影响将使包括工程解决方案在内的综合水管理系统具有可持续性；在发达国家和发展中国家，特别是在干旱地区，这是当务之急。西班牙利用基于规划的系统，通过公私部门的参与以及工程师的技术开发和创新，设计出适应环境的水治理模式（MAPAMA, 2014）。

世界工程组织联合会与全世界工程师合作，共同制定水资源与河流流域综合管理方法，开发和改造可持续的基础设施，以规划为目的进行水文模拟，并适应气候变化的影响（WFEO, 2018a）。

可持续发展目标7

7 廉价和清洁能源

工程师对于设计、建设和维护电力基础设施至关重要。© 中国电气工程学会

工程的作用

电力对于经济增长和提高生活水平至关重要，然而全球近十亿人（主要分布在撒哈拉以南非洲和南亚）依然缺乏可靠的电力来源（Ritchie and Roser, 2019）。

电气工程师、机械工程师和环境工程师一直是开发低成本可再生能源解决方案的核心力量。可再生能源包括风能、太阳能、潮汐能、地热能，这些都能为偏远地区提供电力，同时缓解气候变化的影响。例如，光伏电池将太阳光能转化成电力，促进了太阳能电池板的发展，太阳能是一种安全、可靠和负担得起的能源。如今，全球20%的人用上了太阳能，从而减少了温室气体排放。这一解决方案逐渐成为发达国家和发展中国家的主要能源（Amelang, 2018; UNDP[④]）。

家庭发电和配电、微电网和智能电网都是电气工程师、电子工程师、机械工程师和电信工程师的创新成果，这些创新在改变能源供应方式的同时也减少了对环境的影响。储能技术的进步使可靠的能源变得容易获取并且负担得起。例如，世界银行通过消费者教育、

---

① 请访问 https://sdg-tracker.org/water-and-sanitation，搜索 SDG Tracker 链接中的"清洁饮水"。

② WASH 改革议程官方网站：www.washagendaforchange.net

③ 若想了解更多关于 Banka BioLoo 的信息，请访问：https://www.bankabio.com/

④ 若想了解联合国开发署关于目标7（廉价和清洁能源）的事实与数字，请访问：www.undp.org/content/undp/en/home/sustainable-development-goals/goal-7-affordable-and- clean-energy.html

产品质量保证和为消费者提供资金，促进太阳能技术在非洲的推广（Lighting Africa[①]）。

清洁可再生能源也可支持农业发展，便于使用灌溉泵及冷藏食品和药品，以及为电视机和冰箱等家用电器提供电力。低成本、便利的太阳能技术在发展中国家、特别是在偏远农村地区的成功实施对这些国家的社会结构和经济产生了重大影响。

可持续发展目标 8

8 体面工作和经济增长

交通运输工程对于经济增长和可持续城市至关重要。© Marlene Kanga

工程的作用

全球约一半人口每天靠不到 2 美元生活，几乎没有固定工作（SDG Tracker[②]）。

工业革命的工程创新带来了经济繁荣，发达国家从中获益匪浅。工程被公认为经济增长的重要推动器。此外，英国皇家工程院经济与商业研究中心最近发布的一份报告显示，在全球范围内，一个国家的经济增长与工程师数量呈正比（CEBR, 2016）。

公路、铁路、机场、供水、电力和电信被视为支撑所有经济体的重要基础设施。这些均由土木工程师、机械工程师、电气工程师和环境工程师设计、开发和维护。清洁水、能源和住房这些基本设施也是工程师开发的，使公民能够维持健康富裕的生活，从事体面的工作。世界银行最近的一份报告估计，中低收入国家需要用 4.5% 左右的 GDP 来弥补基础设施缺口。这种缺口不仅是指新建基础设施，也指需要维护以保持可持续发展的现有基础设施。这是工程师和技术员的基本工作（Rozenberg and Fay, 2019）。

工程师们在使国民经济多元化和创造新的就业机会（可持续发展目标8.2），在开发新技术和创新方面也可以发挥作用，这些技术与创新在管理资源消耗的同时也为新的产业创造工作岗位；这是可持续发展的一个关键目标（可持续发展目标8.4）。很多发展中国家都需要建设和维护基础设施，从而形成就业来源，例如，可再生能源项目在非洲和亚洲创造了更多就业机会（IRENA, 2018）。

可持续发展目标 9

9 工业、创新和基础设施

学生在进行化学过程工程的创新。
©Technische Hochschule Georg Agricola (THGA)

工程的作用

现代经济离不开工程。联合国认识到，生产力和收入的增长以及健康和教育成果的改善需要对基础设施进行投资（UN, 2019）。

工程师负责基础设施的设计、建设和维护。公路、交通、供水和能源都是土木工程师、机械工程师和电气工程师工作的结果。工程师面临的挑战是开发可持续、具有韧性和包容性的基础设施，特别是在那些受到气候变化不利影响的国家（见可持续发展目标13：气候行动）。

基础设施推动工业发展壮大。工业还需要采矿、石油、化工和食品加工等领域各种专业的工程师。各类制造业都以机械工程师、电气工程师、化学工程师和环境工程师为依托。这些产业的发展扩大了就业及国内和出口市场的商品生产。工程师建造的基础设施还通过跨国界公路和铁路、港口和机场的发展，促进了贸易。

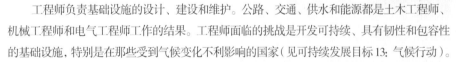

一个国家的工程师数量与其创新能力和生产能力之间存在正相关关系（Maloney and Caicedo, 2014）。

工程也是创新的源泉。新产业的发展和研发投资是一个重要目标（见可持续发展目标9.5）。人工智能、机器人、云计算和大数据等创新迅速崛起，并且将带动未来的经济增长和就业。例如，人工智能通过提供对哮喘等慢性病管理的洞察，改变医疗卫生服务。人工智能还提供：i）对金融的洞察，以监控欺诈活动；ii）对航运和运输的洞察，以推动物流和无人驾驶车辆的发展；iii）对教育的洞察，以制定针对特定学生的项目。机器人用于各行各业，替代重复性或危险作业，或者用于要求高精度的外科手术中。新技术将创造新的产业和新的工作岗位，并且还会使数以百万计的人在工作中发挥创业精神和创造力。

---

① Lighting Africa 官方网站：www.lightingafrica.org/

② 请访问 https://sdg-tracker.org/economic-growth，搜索 SDG Tracker 链接中的"经济增长"。

可持续发展目标10

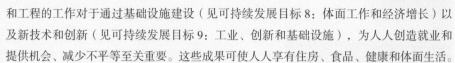

工程可产生工作和收入。©法国工程师与科学家学会

工程的作用

收入、健康、教育和资产所有权等方面的全球不平等仍然是可持续发展的一个重要目标，确保不让任何人掉队（SDG Tracker[①]）。工程师和工程的工作对于通过基础设施建设（见可持续发展目标8：体面工作和经济增长）以及新技术和创新（见可持续发展目标9：工业、创新和基础设施），为人人创造就业和提供机会、减少不平等至关重要。这些成果可使人人享有住房、食品、健康和体面生活。

确保享有最新创新成果，特别是在低收入国家，对于减少全球不平等至关重要。这包括：i) 人人享有低成本通信和手机；ii) 通过低成本移动服务享有信息和教育；iii) 低成本医疗诊断和治疗[②]（见可持续发展目标3：良好健康和福祉）；iv) 保护资产的全国数据和身份系统（The Economist, 2017）。

太阳能家用电器和低成本制冷系统等技术赋予女性更多参与职场的机会，并解决两性之间长期的经济不平等现象。这样的例子包括：售价69美元、冷藏食品的"Chotukool"冰箱，使女性有更多时间从事经济活动（WIPO, 2013）。

工程师开发的其他技术包括移动支付系统。例如在非洲，基于移动设备的"M-Pesa"转账系统可以进行金融交易，包括没有银行账户的个人（Safaricom[③]）。

可持续发展目标11

工程的作用

到2050年，世界三分之二以上的人口将住在城市。因此，发展安全、包容和韧性的城市是一项关键的可持续发展目标（SDG Tracker[④]）。

获得负担得起的住房和公共交通是发达国家和发展中国家的优先事项。城市的其他需求包括清洁空气、水和能源，保护自然和文化遗产资产，抵御自然灾害（SmartCitiesWorld, 2018）。

在与决策者和规划者合作设计和开发适于居住、可持续和有韧性的城市中，土木工程师、结构工程师、电气工程师、机械工程师、环境工程师、软件工程师和电信工程师发挥着关键作用。对于将节能建筑、智能照明、高效交通运输系统、可再生能源、有效水资源管理融为一体的可持续智慧城市来说，工程师和工程不可或缺。例如，到2022年，印度将建设100个智慧城市[⑤]，这些城市都需要可持续解决方案的工程。城市也在合作分享最佳案例，例如通过弹性城市网络[⑥]。

工程基础设施，比如这个地铁地下隧道，对于可持续发展至关重要。©Mr Pung Chun Nok, 香港工程师学会

工程师利用先进技术实现发展可持续城市所需的多个目标。例如，可在智慧城市利用地理空间工程、建筑信息模型和数据分析，提高交通运输系统的效率和可持续性（Massoumi, 2018; WFEO, 2020a）。

工程师和科学家发明的LED蓝光灯泡大幅减少了温室气体排放。这些节能设备目前安装在世界各地的城市，包括印度的布巴内斯瓦尔市，作为低成本、低能耗、可持续的解决方案，保障市民的安全（Ramanath, 2017）。

---

① 请访问 https://sdg-tracker.org/inequality，搜索 SDG Tracker 链接中的"减少不平等"。

② 请参阅英国 NESTA（国家科学技术与艺术捐赠委员会），访问 https://www.nesta.org.uk/feature/frugal-innovations/ge-ecg-machine/，了解通用电气低价心电图仪（ECG）等节俭型创新的例子。

③ 请访问 www.safaricom.co.ke/personal/m-pesa/getting-started/m-pesa-tips，进一步了解"M-pesa 小贴士"。

④ 请访问 https://sdg-tracker.org/cities，搜索 SDG Tracker 链接中的"可持续城市"。

⑤ 若想了解更多关于智慧城市使命的信息，请访问：www.smartcities.gov.in

⑥ 弹性城市网络官方网站：https://resilientcitiesnetwork.org/

可持续发展目标 12

澳大利亚悉尼 North Head 废水处理厂处理过的污水产生的沼气用于发电。
©Marlene Kanga

工程的作用

采矿工程师、土木工程师、机械工程师、电气工程师和环境工程师在高效管理矿产资源、加工主要矿物、利用可再生资源发电、确保水资源的有效利用、农业生产和生物多样性管理中发挥着重要作用。

工程师通过循环经济的概念制定资源管理和负责任消费的解决方案。在循环经济中，产出和产品可投入其他流程和产品中，从而保护地球的资源（TNO[①]）。

技术创新实现了废弃材料的回收再利用。例如，肯尼亚的 EcoPost 公司回收城市塑料废物，将其制成塑料建材，用于围栏、路标和室外家具。这一创新可创造工作岗位、减少森林砍伐，并且有助于应对气候变化。

化学工程师还制订化学解决方案，改变化学成分的分子结构，促进在新产品中重复使用，从而提高塑料的循环使用率（Lozkowski, 2018）。

水资源产业将相关技术用于管理和处理废水，然后在灌溉和饮用水中重复使用。

如今，数十亿部手机、个人电脑和平板电脑正在使用中。因此，管理电子垃圾对于资源管理至关重要。工程师研制了相关工艺，从电子垃圾中提取金属，然后经回收制成其他产品（Strom, 2016）。另一家公司利用电子垃圾堆中发现的废弃组件研制了一种 3D 打印机（Ungerleider, 2013）。

从生物质中提取能源，进而减少温室气体排放，这类技术日渐成为主流（Scallan, 2020）。

可持续发展目标 13

13 气候行动

2020 年 1 月，气候变化的影响，造成了严重的丛林大火，并继而导致悉尼上空烟霾笼罩。©Marlene Kanga

工程的作用

工程师们在应对气候变化方面走在了最前沿，通过开发广泛的技术减少温室气体排放（特别是通过发电），以清除大气中的温室气体，并通过发展韧性基础设施来缓解气候变化的影响。

工程师们已经开发出新的能源替代技术，可以实现零碳排放。这些新技术包括水电站、绿色氢能、太阳能、风能和潮汐能。核裂变也是一项成熟的技术。目前，工程师们正在致力于获取太空中大量可用的太阳能，太阳能已经用于为太空站提供动力[②]。

工程师利用各种策略和技术消除温室气体。通过植树造林和栖息地修复，以及改变耕作方法，比如实行轮耕和轮作以提高土壤中的碳含量、给土壤添加生物碳，可以增加碳捕获。目前世界各地在利用地下碳捕获和封存技术，或者将生物固体转化为其他能源。用来从大气中吸收碳的技术包括：海洋施肥（以提高海洋中的光合作用率）和采用速生林项目的木材建造房屋。使用低碳混凝土进行施工是当今另一项可用技术的范例（RAEng, 2018）。

未来技术利用金属有机框架等新材料吸收二氧化碳，使得储存体积比传统封存小得多（Zhao et al., 2016）。

化学工程师正在开发一项新技术，通过化学处理去除空气中的碳，用作工业化学原料。同时，工程师还在引领着关于城市低碳生活的合作研究，重点研究建筑材料、能源和水的使用、智能交通运输技术（Low Carbon Living CRC[③]）。

工程师负责设计、建设和维护城市基本基础设施，比如交通、水和能源、通信系统。采用气候变化影响恢复力原则，可产生巨大的经济效益和社会效益，有助于快速从日趋频繁的飓风、洪水等自然灾害中恢复过来（OECD, 2018）。

---

① 请访问 https://www.tno.nl/en/focus-areas/circulaCr-economy-environment/roadmaps/circular-economy/，进一步了解荷兰应用科学研究组织（TNO）的循环经济：可持续社会的基础。

② 例如，请访问 https://space.nss.org/space-solar-power，参阅英国国家航天学会（NSS），了解太空太阳能方面的知识。

③ 请访问 http://www.lowcarbonlivingcrc.com.au/，进一步了解澳大利亚低碳生活合作研究中心（CRC）。

1

2015 年，世界工程组织联合会（WFEO）的工程与环境委员会（CEE）制定了工程师指南《实务守则范本：工程师气候变化适应原则》，提出了在开发具有自然灾害恢复力、缓解气候变化影响的基础设施过程中应遵循的主要原则（WFEO，2015）。在新冠肺炎疫情期间，世界工程组织联合会响应联合国秘书长的号召——"更好地重建"，用工程解决方案促进缓解气候变化影响（WFEO，2020b）。

可持续发展目标 14

沿海地区需要通过工程建设来防止海平面上升和海滩侵蚀加剧。
©Marlene Kanga

14 水下生物

工程的作用

海洋是地球极其重要的资源。海洋提供水和海洋食物，并提供交通方式，同时还调节气候。保护海洋和海中生物是工程师的一项重要任务。

海洋工程师与科学家和其他工程学科携手合作，共同落实相关解决方案，解决渔业退化、海洋污染和资源利用等问题，包括海浪能和油气勘探问题。

例如，工程师正在制订清理大太平洋垃圾带①的解决方案，该垃圾带大约有 80,000 吨塑料垃圾。塑料垃圾不仅降解缓慢，还会分解成对海洋生物有害的塑料颗粒，使海洋生物因食物和缠绕而挨饿，最终影响人类的食物链。工程师的工作是分析这些塑料材料并制订有效的解决方案，这对于做好海洋清理工作至关重要。

大堡礁 2050 年长期永续发展计划②提供明确的管理行动和结果，并探讨气候变化等威胁的累积影响。

澳大利亚海洋科学研究所（AIMS③）进行工程解决方案的创新，包括为大堡礁遮荫以及使用空中和水下机器人，以加强监测和保护。

可持续发展目标 15

地质工程创新对于发现和保护地区资源至关重要。©Technische Hochschule Georg Agricola (THGA)

15 陆地生物

工程的作用

保护覆盖地球表面 30% 的森林，对于应对气候变化及保护动物生物多样性、防止荒漠化和确保食物供给至关重要（SDG Tracker④）。

工程师通过负责任地利用森林资源和保护栖息地以缓解危险产业的影响，在管理生物多样性方面发挥重要作用。工程师还开发了绘制地球表面地图的创新技术。这些技术可提供宝贵的地理空间信息，用于进行农业监测、基础设施设计、地震等自然灾害预测。

例如，非洲加勒比太平洋组织与欧盟农业与农村合作技术中心（CTA）开发了参与式地理信息系统和 3D 建模系统。这一工具对于原住民社区等弱势群体来说是一个有效手段，可提升他们规划、分享和商议其资源的适当和可持续发展的能力，同时保护天然森林。这些工具已在非洲、加勒比地区和南太平洋群岛得到有效利用（CTA，2016）。

传感器和无人机技术正被用于绘制濒危动物的种群图。DNA 测序还用来跟踪来自已知栖息地水样的动物，例如澳大利亚的鸭嘴兽监测（CESAR⑤）。

国际子午圈计划是中国、波兰和俄罗斯工程师合作的一个计划，利用卫星信息进行地球监测并提供地震预警（NSSC，2017）。

---

① 若想了解更多关于 2019 年海洋清理工作和大太平洋垃圾带的信息，请访问：www.theoceancleanup.com/great-pacific-garbage-patch

② 请访问 http://www.environment.gov.au/marine/gbr/publications/reef-2050-long-term-sustainability-plan-2018，进一步了解大堡礁 2050 年长期永续发展计划方面的信息。

③ 澳大利亚海洋科学研究所官方网站：https://www.aims.gov.au/

④ 请访问 https://sdg-tracker.org/biodiversity，搜索 SDG Tracker 链接中的"生物多样性"。

⑤ 请访问 http://cesaraustralia.com/biodiversity-conservation/ environmental-dna-edna，进一步了解环境压力与适应研究中心（CESAR）。

可持续发展目标 16

在 2019 年 6 月于香港召开的国际工程联盟会议上，来自世界各地的工程师正在探讨建立强大的工程教育机构问题。©Marlene Kanga

工程的作用

通过良好治理和强大机构促进和平、正义和包容的社会是包括工程师在内的社会每个人的优先事项。

工程实践包括多样性和包容性、可持续实践和工程伦理等价值观，所有这些对于提供安全、可持续的工程解决方案都至关重要。工程师也在合作发展强大的工程教育、认证和监管机构，助力确保各领域工程师的能力。例如，世界工程组织联合会与国际工程联盟（IEA）及其在国际工程界的同行合作，共同确保未来毕业生的工程教育标准体现可持续、合乎道德规范和包容性工程的价值观。这些组织也在合作发展强大的认证机构来规范大学教育体系和专业工程机构，从而支持工程师在职场中的专业发展（WFEO, 2018b）。

世界工程组织联合会制定了工程师道德规范范本（WFEO, 2010），该范本已被其他专业工程机构，如澳大利亚工程师协会用作道德规范的依据（Engineers Australia, 2019）。

世界工程组织联合会反腐败委员会[①]与经合组织、世界司法工程等其他国际组织合作，共同制定相关框架，应对工程腐败问题，助力支持可持续发展的基础设施投资得到最大回报。该委员会是国际标准组织 TC-309 技术委员会的成员，制定了 ISO 37001 反贿赂标准和 ISO 37000 组织治理指南，这些标准将于 2021 年初发布（ISO 37001, 2016; WFEO, 2020c）。

英国全球基础设施反腐败中心（GIACC）[②]是一家独立的非营利组织，提供相关资源，帮助了解、识别和预防基础设施、建筑和工程部门的腐败问题。

可持续发展目标 17

联合国教科文组织成员国讨论将 3 月 4 日设立为"促进可持续发展世界工程日"。©Marlene Kanga

工程的作用

工程领域的伙伴关系对于推进可持续发展目标至关重要，无论是在工程机构内部的工程学科领域，还是在涉及政府、产业和大学的国家和国际机构之间。通过这些伙伴关系制定解决当今和未来问题的创新办法，并为实施可持续发展技术提供路线图，建立能力和知识传递机制，采取包容性方法实现可持续发展。

例如，世界工程组织联合会（WFEO）与国际工程联盟（IEA）、国际咨询工程师联合会（FIDIC）、国际女性科技工作者联络网（INWES）、国际工程教育学会联盟（IFEES）等国际同行工程组织建立了伙伴关系。全球工程组织通过这些伙伴关系致力于制定毕业生素养和专业能力的国际工程教育标准，并且支持非洲、亚洲和拉丁美洲的工程能力发展（WFEO, 2018b）。

2018 年 3 月，上述组织在联合国教科文组织签署了《巴黎宣言》，承诺通过工程推进可持续发展目标（WFEO, 2018c）。例如，在 2018 年 12 月于波兰卡托维兹举行的联合国气候变化大会（COP 24）上，国际女性科技工作者联络网与国际工程组织联合会合作，共同展示能够缓解气候变化影响的良好工程实践，并重点展示女性工程师的创新（INWES, 2018）。

世界各地通过建立有效的伙伴关系，共同制定相关解决方案，推进其他 16 项可持续发展目标。例如，弹性城市网络[③]是一个合作网络，分享最佳实践经验，助力实现可持续发展目标 11（可持续城市和社区）。

WASH 改革议程[④]是由多家非政府机构建立的伙伴关系，促进以全国和地方系统方法，以具有成本效益和可持续的方式在非洲和亚洲提供水、卫生设施和卫生（WASH）服务，这对于推进关于清洁饮水和卫生设施的可持续发展目标 6 至关重要。

---

① 若想了解更多关于世界工程组织联合会反腐败委员会的信息，请访问：http://www.wfeo.org/committee-anti-corruption/

② 全球基础设施反腐败中心官方网站：https://giaccentre.org/

③ 弹性城市网络官方网站：https://resilientcitiesnetwork.org/

④ WASH 改革议程官方网站：www.washagendaforchange.org

参考文献

Amelang, S. 2018. Renewables cover about 100% of German power use for first time ever. *Clean Energy Wire*, 5 January. www.cleanenergywire.org/news/renewables- cover-about-100-german-power-use-first-time-ever

CEBR. 2016. *Engineering and Economic Growth.* A report by Cebr for the Royal Academy of Engineering. Centre for Economics and Business Research. www.raeng.org.uk/publications/ reports/engineering-and-economic-growth-a-global-view

Chabba, R. and Raikundalia, S. 2018. Inexpensive impact: The case for frugal innovations. *Next billion*, 21 November. https://nextbillion.net/inexpensive-impact-frugal-innovations

CTA. 2016. *The Power of Maps. Bringing the third dimension to the negotiating table.* Technical Centre for Agricultural and Rural Cooperation ACP-EU. https://pacificfarmers.com/wp-content/uploads/2016/07/The-power-of-maps- Bringing-the-3rd-dimension-to-the-negotiation-table.pdf

ECOSOC. 2017. *Women's economic empowerment in the changing world of work.* Report of the Secretary General, Commission on the Status of Women, 61st session. New York: United Nations Economic and Social Council. http://undocs.org/E/CN.6/2017/3

Engineers Australia. 2019. Code of Ethics and Guidelines on Professional Conduct. https://www.engineersaustralia.org.au/sites/default/files/resource-files/2020-02/828145%20Code%20of%20Ethics%202020%20D.pdf

Engineers Canada. 2019. 30 by 30. https://engineerscanada. ca/diversity/women-in-engineering/30-by-30

Gatti, G. 2018. How technology is helping Filipino farmers weather storms. https://farmingfirst. org/2018/07/Gigi-Gatti-Grameen-Foundation

GEHealthcare. 2011. Market-relevant design: Making ECGs available across India. http://newsroom. gehealthcare.com/ecgs-india-reverse-innovation

GEO. 2020. Eyes in the sky: how real-time data will revolutionise rice farming. Group on Earth Observations. *University of Sydney*, 14 July. https://www.sydney.edu.au/news-opinion/ news/2020/07/14/paddy-watch-real-time-data-will-revolutionise-rice-farming-GEO-Google-Earth.html

IFEES. 2019. *Rising to the Top. Global woman engineering leaders share their journeys to professional success.* International Federation of Engineering Education Societies. http://www.wfeo.org/wp-content/uploads/stc-women/Rising-to-the-Top.pdf

INWES. 2018. COP24 – Katowice Climate Change Conference, December 2018. *INWES Newsletter*, 14 February. www.inwes.org/inwes-newsletter-28

IRENA. 2018. *Renewable Energy and Jobs. Annual Review 2018.* International Renewable Energy Agency. https://irena. org/-/media/Files/IRENA/Agency/Publication/2018/ May/IRENA_RE_Jobs_Annual_Review_2018.pdf

ISO. 2016. *ISO 37001: Anti-Bribery Management Systems.* International Organization for Standardization. www. iso.org/iso-37001-anti-bribery-management.html

Kanga, M. 2014. *A Strategy for Inclusion, Well-being and Diversity in Engineering Workplaces.* http://www.wfeo.org/wp- content/uploads/un/sdgs/Inclusiveness_Wellbeing_ Diversity_Strategy_MarleneKanga_Final_Nov_2014.pdf

Keshvardoost, S., Bahaadinbeigy, M. and Fatehi, F. 2020. Role of Telehealth in the Management of COVID-19: Lessons Learned from Previous SARS, MERS, and Ebola Outbreaks. *Telemedicine and e-Health*, Vol. 26, No. 7, pp. 850–852.

LiveMint. 2019. Reliance Jio sold 5 crore smart feature phones in less than 2 years: Report. *LiveMint*, 20 February. www.livemint.com/technology/tech-news/ reliance-jio-sold-5-crore-smart-feature-phones-in- less-than-2-years-report-1550635450416.html

Lozkowski, D. 2018. Embracing a circular economy, *Chemical Engineering*, 1 Jun. www.chemengonline. com/embracing-circular-economy

Maloney, W.F. and Caicedo, F.V. 2014. Engineers, Innovative Capacity and Development in the Americas. Policy Research Working Paper No. 6814. Washington, DC: World Bank. https://openknowledge.worldbank. org/bitstream/handle/10986/17725/WPS6814. pdf?sequence=1&isAllowed=y

MAPAMA. 2014. *The water governance system in Spain.* Ministerio de Agricultura, Pesca y Alimentación, Government of Spain. https://www.miteco.gob.es/es/agua/temas/sistema-espaniol- gestion-agua-cat-gob-agua-2014-en_ tcm30-216099.pdf

Marr, B. 2018. How is AI used in education – real world examples of today and a peek into the future. *Forbes, 25* July. www.forbes.com/sites/bernardmarr/2018/07/25/how-is-ai-used-in-education-real-world-examples-of- today-and-a-peek-into-the-future/#7b58359e586e

Massoumi, R. 2018. Why a managed services model could make intersections safer, smarter and more efficient. *SmartCitiesWorld*, 23 October. www.smartcitiesworld. net/opinions/why-a-managed-services-model-could- make-intersections-safer-smarter-and-more-efficient

NSSC. 2017. The International Meridian Circle Program Workshop Held in Qingdao. National Space Science Center, Chinese Academy of Sciences. http://english.nssc. cas.cn/ns/NU/201705/t20170531_177611.html

OECD. 2018. *Climate resilient infrastructure*. OECD Environment Policy Paper No. 14. Organisation for Economic Co-operation and Development Paris: OECD Publishing. www.oecd.org/environment/cc/policy- perspectives-climate-resilient-infrastructure.pdf

RAEng. 2018. *Greenhouse gas removal*. The Royal Society and the Royal Academy of Engineering. www.raeng.org. uk/publications/reports/greenhouse-gas-removal

Ramanath, R.V. 2017. Smart City: BMC shows the way by installing LED lights. *The Times of India*, 1 August. https://timesofindia. indiatimes.com/city/bhubaneswar/smart-city-bmc-shows- the-way-by-installing-led-lights/articleshow/59857487.cms

Ritchie, H. and Roser, M. 2019. Energy production and changing energy sources. Our World in Data. Published online at https://ourworldindata.org/ energy-production-and-changing-energy-sources

Roser, M. and Ortiz-Ospina, E. 2019. Tertiary education. Our World in Data. Published online at https:// ourworldindata.org/tertiary-education

Ross, C. 2020. In Coronavirus Response, AI is becoming a useful tool in a global outbreak. *Machine Learning Times*, 29 January. https://www.predictiveanalyticsworld.com/machinelearningtimes/in-coronavirus-response-ai-is-becoming-a-useful-tool-in-a-global-outbreak/10867/

Rozenberg, J. and Fay, M. 2019. *Beyond the Gap: How countries can afford the infrastructure they need while protecting the planet.*

Washington, DC: World Bank. https:// openknowledge. worldbank.org/handle/10986/31291

Scallan, S. 2020. Using biomass to get to net zero. Ecogeneration, 15 July. https://www.ecogeneration. com.au/using-biomass-to-get-to-net-zero/

SmartCitiesWorld. 2018. Singapore tops the smart city rankings. *SmartCitiesWorld*, 2 May. www.smartcitiesworld.net/news/news/singapore-tops-the-smart-city-rankings-2875

Strom, M. 2016. UNSW develops mini-factory that can turn old mobile phones into gold. *The Sydney Morning Herald*, 30 July. www. smh.com.au/technology/unsw-develops-minifactory-that- can-turn-old-mobile-phones-into-gold-20160729-gqgr83.html

The Economist. 2017. In much of sub-Saharan Africa, mobile phones are more common than access to electricity. The devices have helped poor countries leapfrog much more than landline telephony. *The Economist*, 8 November. https://www.economist.com/graphic-detail/2017/11/08/ in-much-of-sub-saharan-africa-mobile-phones-are-more-common-than-access-to-electricity

UN. 2019. Industry innovation and infrastructure: why it matters. United Nations. www.un.org/sustainabledevelopment/ wp-content/uploads/2018/09/Goal-9.pdf

Ungerleider, N. 2013. This African inventor created a $100 3-D printer from e-waste. *Fast Company*, 10 November. www.fastcompany.com/3019880/this-african- inventor-created-a-100-3-d-printer-from-e-waste

Washington University. 2020. Newly developed nanotechnology biosensor being adapted for rapid COVID-19 testing. *SciTechDaily*, 25 April. https://scitechdaily.com/ newly-developed-nanotechnology-biosensor- being-adapted-for-rapid-covid-19-testing/

WFEO. 2010. *WFEO model code of ethics*. World Federation of Engineering Organization. www.wfeo.org/wp-content/uploads/code_of_ethics/ WFEO_MODEL_CODE_OF_ETHICS.pdf

WFEO. 2015. *The Code of practice on principles of climate change adaptation for engineers*. World Federation of Engineering Organizations. www.wfeo.org/code-of-practice-on- principles-of-climate-change-adaptation-for-engineers

WFEO. 2018a. Water, the future that we want, Madrid Declaration. World Federation of Engineering Organizations. www.wfeo.

org/wp-content/uploads/ declarations/Madrid_Declaration_ENG.pdf

WFEO. 2018*b*. *WFEO Engineering 2030: A Plan to advance the UN Sustainable Development Goals through engineering.* World Federation of Engineering Organizations. www.wfeo. org/ wp-content/uploads/un/WFEO-ENgg-Plan_final.pdf

WFEO. 2018*c*. WFEO-UNESCO Paris Declaration. World Federation of Engineering Organizations. www. wfeo.org/ wp-content/uploads/declarations/Paris- Declaration_WFEO-UNESCO_March-2018.pdf

WFEO. 2020*a*. *The Value of Integrated Geospatial and Building Information Modelling (BIM) solutions to advance the United Nations Sustainable Development Goals (Agenda 2030) with specific focus on resilient infrastructure.* World Federation of Engineering Organizations, World Geospatial Industry Council, UN Committee of Experts on Global Geospatial Information Management. https://www.wfeo.org/wfeo-wgic-unggim- white-paper-geospatial-engg-sustainable-development/

WFEO. 2020*b*. WFEO position to the build-back-better call for arms. Public statement, 5 June. World Federation of Engineering Organizations. http://www.wfeo.org/wp-content/ uploads/ un/WFEO_Statement-build_back_better_call_for_arms.pdf

WFEO. 2020*c*. WFEO consultation on draft international standard ISO 37000. World Federation of Engineering Organizations, International Standard Organization. http://www. wfeo.org/ wfeo-consultation-on-draft-international- standard-iso37000-governance-of-organisations/

WIPO. 2013. Chotukool: Keeping things cool with frugal innovation. *WIPO Magazine,* December. World Intellectual Property Organization. https://www.wipo. int/wipo_magazine/en/2013/06/article_0003.html

Zhang, K. 2020. 3D printing medical equipment for COVID-19. *University of Melbourne*, 1 May. https://pursuit.unimelb.edu. au/articles/3d-printing-medical-equipment-for-covid-19

Zhao, Y., Zhong S., Xia, Q., Sun, N., Cheng, S. and Xue, L. 2016. Metal organic frameworks for energy storage and conversion. *Energy Storage Materials*, Vol. 2, pp. 35–62. www. sciencedirect.com/science/article/pii/S2405829715300568

2.
所有人机会均等

摘 要

最近的两份"联合国可持续发展目标报告"（UN, 2019; 2020）阐明了世界在实现可持续发展目标（SDGs）方面所取得的进展，并重点提出了当前亟须关注的领域。两份报告均表明，过去四年中，尽管在一些领域可持续发展目标取得了一定的进展，但速度较为缓慢，甚至还出现了倒退[①]。最弱势人群和国家遭受的苦难仍然是最多的，而且全球的响应也不够积极。工程师在应对地球和人类面临的挑战方面发挥着关键作用。新冠肺炎大流行给工程专业人员带来了新的挑战，同时也带来了新的机遇。在构建可持续发展世界的过程中，工程师既是社会问题的解决者，也是解决方案的提供者。因此，需要培养更多的工程师，并进入劳动力市场。当今世界拥有18亿年轻人，是历史上人数最多的一代。他们中有近90%的人生活在发展中国家，而且，在这些国家，年轻人在总人口中也占有相当大的比例。与此同时，女性工程师总体人数严重不足。确保所有人享有平等的机会并减少不平等现象（可持续发展目标10）、提供体面的工作和促进经济增长（可持续发展目标8），并保证性别平等（可持续发展目标5）将会使更多具有代表性的人群加入工程队伍中，共同为建设一个与大自然和谐共处，更加公平、更有活力、更具可持续性的世界而贡献力量。

---

① 如《2020年可持续发展进展报告》第2页所述："到2019年底，在某些领域取得了持续进展：全球贫困人口数量，保持了持续减少的趋势（尽管速度较慢）；孕产妇和儿童死亡率降低；越来越多的人实现了用电目标；各国都在制定旨在支持可持续发展的国家政策，同时也在签署国际环境保护协议。然而，在其他领域，进展出现了停滞或倒退的情况：遭受饥饿的人数在增加，气候变化发生的速度比预计快得多，而且国家内部和国家之间的不平等现象持续加剧。"

Dawn Bonfield[1]

2.1
工程领域的多样性和包容性

Robert Kneschke/Shutterstock.com

---

① 英国皇家工程院，阿斯顿大学包容性工程客座教授；Towards Vision 项目主任。

变革的驱动因素

在过去的十年中，工程中的多样性和包容性已成为世界上许多工程组织的主流话题。这在很大程度上是由许多重要因素推动的，其中包括：i）人们越来越认识到当前和历史上人人机会不平等；ii）世界技术日益发达，加上人口老龄化，导致技能人才短缺（RAEng, 2019）；iii）工程师队伍更加多元化，创新、盈利和高质量的工程得以改善（Hunt, Layton and Prince, 2015）；iv）越来越关注可持续发展目标及其在工程领域的意义。现在人们已经认识到，更为多样的跨学科方法和更加包容的思维方式将有助于以一种更加平衡和整体性的方式解决全球面临的挑战，从而确保一个目标取得进展的同时，可为其他目标所用。多元化和包容性的员工队伍对于成功实施解决方案，实现多元化和多样化的目标至关重要，员工队伍必须确保他们的工程和技术输出（产品、服务、解决方案）对所有人具有包容性，而且所有人可以平等地获取。实际上，如果不从"多样性"的角度考虑解决方案，没有代表性不足和边缘化的群体的充分参与，没有他们有效参与政治、经济和公共生活的决策角色，任何可持续发展目标都无法实现。

此外，据了解，气候变化的影响，如干旱、洪水和其他极端天气事件等，将对全球妇女和边缘化人群产生不成比例的影响（WHO, 2011）。在许多职业中，妇女较低的社会经济和管理地位导致她们在做出关键决策时的发言权有限。她们作为家人、食物、健康和家庭的守护者的地位和经历又意味着即使她们有发言权，这些观点在解决方案中也不太具有代表性。在世界某些地区，妇女获得教育、土地所有权和独立性的机会受到限制，这通常意味着工程和技术解决方案无法满足她们的需求。倡导在工程中增加这些群体的代表性，并确保她们在高级决策职位方面取得进展，似乎对于实现这些观点，使她们得到平等的代表权并最终成功实现所有可持续发展目标至关重要（Huyer, 2015；UNESCO, 2017）。

一个日益重要且得到认可的因素是，需要确保在未来的工程解决方案中不存在偏见和歧视。随着大数据、机器学习、自主系统和人工智能向更加数字化的世界转变，巨大的变化正在发生。如果不保持警惕，就有可能将历史的偏见和歧视带入新的体系，无意间导致歧视泛滥和偏见加剧。已经出现了很多在很大程度上不可见的算法决策最终对某些群体产生歧视的例子（Angwin et al., 2016; Criado-Perez, 2019）。通过确保代表所有观点的多样化劳动力，这些偏见才更有可能得以发现和避免。

文化变革

为了成功地实现多样性和包容性，工程文化必须确保所有人都感到舒适和包容，并确保他们能够将自己的身份和差异带到行业中。必须注意文化的变革，而不是让人通过改变自身来适应现有的文化。否则，将无法实现"多样性溢价"，也就无法将偏见更少、社会更公正的工程解决方案所产生的回报最大化（RAEng, 2017），从而导致多样性人才难以留住。员工资源或亲缘团体在支持和有助于代表性不足的团体方面发挥着有效的作用。越来越多的证据表明，建筑行业的非包容性文化正在导致男性工人的心理健康问题和自杀风险的增加（Burki, 2018）。

通过改变结构和流程可以实现一些变化，例如：i）采用包容性的招聘机制和领导模式（Moss-Racusin et al., 2012）；ii）将消除偏见的因素纳入工资和薪酬体制；iii）实施导师制和逆向导师制，确保代表性不足群体的进步，消除不平等现象（Yin-Che, 2013）。目标、行动计划、指标和问责制对于推动文化变革至关重要（RAEng, 2016）。

最后，应该指出的是，随着技术的发展，工程师所需的固有技能正在发生显著变化。随着人工智能、机器学习和机器人技术的使用，人们逐渐脱离了过去工程中所需"动手"的技能，而对于具有以前被称为"软技能"的能力的人才需求日益增加，这些技能将是未来的"关键技能"。应变能力、敏捷性、获取新知识的能力、团队合作和沟通等能力，与以前在工程中被十分看重的详细的技术知识同等重要，甚至更为重要（Jackson and Mellors-Bourne, 2018）。反过来，这将需要另一种类型的工程师，一种重视不同特性的工程师。随着时间的流逝，工程观念的这种转变将会带来员工的变化，因为人们不再将工程视为肮脏的、以男性为主的职业，而是视为需要广泛的技能才能确保成功的职业（World Economic Forum, 2016）。

建议

以下建议旨在解决阻碍工程领域变得更加多样性和包容性的现有障碍：

1. 教育机构应为所有学生及其每个职业阶段提供无障碍的工程教育途径和机会，以便创造一个多样化的教育环境。在这种环境中，始终注重包容性教学，注重工程技术在实现可持续发展目标中的作用，培养未来工程师的包容性思维。

2. 工作场所应设定明确的成功责任制和问责制，以及为实现平等、多样性和包容性制定目标和指标的业务战略，促进文化变革。

3. 专业工程机构和注册机构必须发挥领导作用，以便在培训课程、认证和专业注册中嵌入多样性和包容性的价值观，同时开发基准数据，并按照包容性数据章程（IDC）（GPSDD, 2018）收集基准数据，规范监测和国际比较。

4. 各国政府应增加对关键优先事项的投资：i）实施将平等、多样性和包容性（EDI）指标和目标纳入公共采购合同等措施；ii）结构性推动因素，例如共享育儿假、灵活的工作政策和强制性薪酬差距报告；iii）对所有政策决策实施多样性影响评估（DIA）审查。

5. 各组织应查明和处理阻碍社会某些部门获得平等机会的系统性和结构性歧视、不宽容和不平等现象。

6. 工程领域作为一个整体应遵循可持续发展目标（SDGs）的"不让任何人掉队"的宗旨，并确保技术解决方案解决当前的不平等问题。

参考文献

Angwin, J., Larson, J., Mattu S. and Kirchner, L. 2016. Machine bias: There's software used across the country to predict future criminals. And it's biased against blacks. *ProPublica*, May. www.propublica.org/article/machine- bias-risk-assessments-in-criminal-sentencing

Burki, T. 2018. Mental health in the construction industry. In: *The Lancet*, Vol. 5, No. 4, p. 303. www.thelancet.com/journals/lanpsy/article/PIIS2215-0366(18)30108-1/fulltext

Criado-Perez, C. 2019. *Invisible women. Exposing data bias in a world designed for men*. London: Chatto & Windus.

GPSDD. 2018. *Inclusive Data Charter*. Global Partnership for Sustainable Development Data. www.data4sdgs. org/initiatives/inclusive-data-charter

Hunt, V., Layton, D. and Prince, S. 2015. 'Why diversity matters'. McKinsey & Company. www.mckinsey.com/business-functions/organization/our-insights/why-diversity-matters

Huyer, S. 2015. Is the gender gap narrowing in science and engineering? In: S. Huyer (ed.), *UNESCO Science Report: Towards 2030*. Paris: UNESCO Publishing. https://en.unesco.org/USR-contents

Jackson, P. and Mellors-Bourne, R. 2018. *Talent 2050: Engineering skills and education for the future*. London: National Centre for Universities and Business. www.ncub.co.uk/reports/ talent-2050-engineering-skills-and-education-for-the-future

Moss-Racusin, C.A., Dovidio, J.F., Brescoll, V.L., Graham, M.J. and Handelsman, J. 2012. Science faculty's subtle gender biases favor male students. In: *Proceedings of the National Academy of Sciences*, Vol. 109, No. 41, pp. 16474–16479.

RAEng. 2016. *Diversity and Inclusion. Professional framework for professional bodies*. London: Royal Academy of Engineering. www.raeng.org.uk/publications/ other/diversity-progression-framework

RAEng. 2017. *Creating cultures where all engineers thrive. A unique study of inclusion across UK engineering*. London: Royal Academy of Engineering. www.raeng.org.uk/publications/ reports/creating-cultures-where-all-engineers-thrive

RAEng. 2019. *Global Engineering Capability Review*. London: Royal Academy of Engineering. https://www.raeng.org.uk/publications/reports/global-engineering-capability-review

Ro, H.K. and Loya, K. 2015. The effect of gender and race intersectionality on student learning outcomes in engineering. In: *Review of Higher Education*, Vol. 38, No. 3, pp. 359–396. https://eric.ed.gov/?id=EJ1059327

UN. 2019. *The Sustainable Development Goals Progress Report 2019*. United Nations Economic and Social Council. https://unstats.un.org/sdgs/files/report/2019/ secretary-general-sdg-report-2019--EN.pdf

UN. 2020. *The Sustainable Development Goals Progress Report 2020*. United Nations Economic and Social Council. https://unstats.un.org/sdgs/files/report/2020/ secretary-general-sdg-report-2020--EN.pdf

UNESCO. 2017. *Cracking the code: Girls' and women's education in science technology, engineering and mathematics (STEM)*. Paris: UNESCO Publishing. https:// unesdoc.unesco.org/ark:/48223/pf0000253479

WHO. 2011. *Gender, Climate Change and Health*. Geneva: World Health Organization. www.who.int/globalchange/GenderClimateChangeHealthfinal.pdf

World Economic Forum. 2016. *The future of jobs*. Cologny, Switzerland: World Economic Forum. http:// reports.weforum.org/future-of-jobs-2016

Yin-Che, C. 2013. Effect of reverse mentoring on traditional mentoring functions. In: *Leadership and Management in Engineering*, Vol. 13, No. 3. https://ascelibrary.org/doi/ full/10.1061/%28ASCE%29LM.1943-5630.0000227

Dawn Bonfield[1] 和 Renetta Tull[2]

2.2
工程领域的女性

© WFEO

Global Engineering London Congress 2018

---

① 英国皇家工程院，阿斯顿大学，包容性工程，客座
教授；Towards Vision 项目主任。

② 加利福尼亚大学戴维斯分校负责"多元化、平等和
包容性"事务的副校长。

摘 要

关于在全球范围内有资格担任工程师，在工程领域工作或者作为注册工程师获得专业地位的妇女的人数，目前没有一致和广泛的数据。虽然有些国家提供了按性别分类的国家数据，但这些数据并不是按照国际标准收集的，所以往往很难进行国家之间的比较。由于缺乏可靠的数据，无法明确评估和证明采取措施的必要性，从而难以确保基于证据的规划和决策。

引言

根据联合国教科文组织数据统计所的数据，"2019 年工程指数"显示了世界各国从工程、制造和建筑专业高等教育毕业的女性人数（RAEng，2019）。联合国教科文组织《科学报告：面向2030》（Huyer，2015），按国别列出高等工程教育学历的人才的性别百分比。2015 年的数据显示，世界平均水平的工程、制造和建筑专业高等教育毕业生占 27％，占全球女性人口的 8％，占全球男性人口的 22％（UNESCO，2017）。目前尚无法在全球范围内获得有关从事工程职业并获得专业注册的女性的数据。

据工程和经济增长报告显示：从全球来看（RAEng，2016），包括缅甸、突尼斯和洪都拉斯在内的发展中经济体，工程学性别平等权利方面居世界首位，其中女性工程学毕业生的比例最高，分别为 65％、42％和 41％。经济合作与发展组织的大多数国家在 2008—2012 年间女性工程学毕业生的人数有所增加，其中墨西哥、匈牙利和土耳其等新兴经济体出现了最显著的增长（150％以上）。但是，在发达国家，增长幅度一般不太显著，例如英国和美国等国家，与本来就很低的起点相比，女性工程学专业毕业生的人数分别增加了 31％和 24％。

专业工程机构提供了一些关于女性成员的可比较的统计数据，展示了从事工程行业的女性工程师的比例情况。国际系统工程理事会（INCOSE）的女性会员人数在 2018 年为 17％，电气和电子工程师学会（美国）的女性会员人数在 2019 年为 12.2％，而工程技术学会的女性会员人数（英国）在 2019 年为9％。

教育和发展障碍

为女性提供工程学教育、职业发展机会、薪酬平等和职业—生活相融合的举措，对于女性的参与、保留，领导能力的增长以及渴望留在劳动力队伍中并为该行业做出贡献的愿望的实现至关重要（Montgomery, 2017; O'Meara and Campbell, 2011; Tull et al., 2017）。目前还存在许多阻碍妇女和女孩选择 STEM 学科（科学、技术、工程和数学）的障碍。在某些国家，仍然存在一些限制，使女孩无法在学校参加某些学科的学习，包括科学（Agberagba, 2017）。此外，其他一些非政策限制，例如性别观念和父母的期望，仍然在阻碍女孩从事科学和工程职业。虽然许多干预措施可以解决这些障碍，但往往缺乏关于其作用以及成功率的证据（OECD, 2019）。纽约联合国妇女地位委员会（CSW）在 2017 年的第 61 届会议（CSW61）和2018 年的第 62 届会议（CSW62）上，强调了增加各级工程中的女孩和妇女参与的必要性。该委员会建议，通过使更多的女孩面对诸如可持续发展目标所体现的全球性挑战，加强职业发展渠道。

经济合作与发展组织国际学生评估计划（PISA）显示，15 岁时，STEM 学科的男女生之间的能力差异很小，而"相对能力"方面的差异却很大。这意味着,女孩尽管在所有STEM学科上和男孩一样擅长,但是在阅读能力方面则相对于男孩更强,而男孩在科学和数学方面则相对较强。建议学生根据自己的比较优势而不是绝对优势来选择学习领域（Stoet and Geary, 2018）。

为了克服这些障碍,应提供从教育和就业系统的各个方面明确的、引导学生未来进入工程学领域的发展道路（UNESCO, 2017）。在高等教育中,女生在从教育到职业发展的过程中也面临障碍。Yates 和 Rincon（2017）认为,可以通过毕业前的工作经验以及发展专业网络和外部支持来协助她们向工程队伍过渡,以此来提高女性在工程领域和企业家中的保留率。作者还指出,少数族裔女性工程师可寻求少数族裔女性导师和专业协会的支持,以帮助她们与职业网络建立联系。

女性学者受制于体制性障碍,这些障碍是由于诸如成功率低和经常减少的拨款经费,以及研究发表的障碍等主要限制因素导致的（RSC, 2019）。这些因素限制了女性获得晋升的机会,因此限制了她们在工程学界升任教授职位的机会。解决和消除这些障碍对于女性能够平等地进步并在学术界担任决策职位至关重要。

为女性提供工程学教育、职业发展机会、薪酬平等和职业—生活相融合的举措,对于女性的参与、保留,领导能力的增长以及渴望"留在劳动力队伍中并为该行业做出贡献"的愿望的实现至关重要（Montgomery, 2017; Tull et al., 2017）。具有独特经验的女性领袖和已经成为其他女性榜样的女性领袖,具有影响所有年龄段妇女和女孩的巨大力量。来自任何背景的女性,包括来自边缘化或代表性不足的群体和地区的女性,都应获得培训、受到雇用和享有权利,以便实现她们的目标。

进展、保留和对新冠肺炎响应

成功克服了工程职业障碍的女性往往会发现,工作场所非包容性的环境、定型观念、无意识的偏见、微观不平等和性骚扰都是抑制她们在工程领域蓬勃发展、担任领导职务并成为决策者的障碍。在许多情况下,这些因素导致女性不得不离开该领域。消除这些不平等现象、创造包容性文化并找到系统性的方法来确保女性的平等进步,对于工程领域在招募女性方面的进展来说至关重要。强制性的两性收入差距报告、许多国家成功实行的共享育儿假（特别是在斯堪的纳维亚国家的带领下）、灵活的工作时间、良好的育儿制度,以及国家目标和执行委员会中女性的配额,都是旨在增加女性在职场中的机会的政府干预措施的很好示例。

2020年的新冠肺炎疫情可能会毁掉人类近几十年所取得的进步,因为在封锁期间,妇女首当其冲地要承担更多与育儿、家庭教育、家庭责任以及照顾隔离在家的老人相关的工作负担。有证据表明,女性向学术期刊的投稿和经费申请减少了,而且还有证据表明,在公司最新雇用的员工中,女性比男性更容易被裁员。在当前这个困难时期,应注意确保将任何性别劣势减至最小,并收集能够确认不平等的按性别分类的证据。应倡导一切有利于妇女受益以及促进在工程领域保留更多女性的优势,例如更灵活的工作环境、将出差的可能性减少至最低限度,以便可以围绕女性的家庭和家人生活来安排其工作量,使她们可以在线获得学历,并使那些具备不同领导风格的女性在工作岗位闪耀光芒。

结论

吸引和留住更多样性的工程人员是确保可持续发展目标所代表的全球性挑战得到解决,确保工程

2

技术在应对气候变化和全球不平等方面发挥作用的关键。必须将消除历史上曾经阻碍代表性不足的群体（尤其是妇女）进入工程领域的多种系统性和结构性障碍作为紧急事项来完成。实现这一目标的驱动因素包括：i）数据收集的协调方法；ii) 关于干预措施的效果和有效性的证据，以及证据的分享；iii）立法和文化变革，所有这些都是必要的。为了使妇女能够参与并促进这一变革，必须赋予她们权力并支持她们担任领导职务。

建议

1. **有效的数据和证据**：定期收集具有国际可比性和性别分类的可靠且可访问的全球数据，并使用这些数据为政策和决策过程提供信息。记录干预措施的有效性和影响，以鼓励形成更多性别多样化的劳动力，并分享最佳实践。

2. **教育**：利用可持续发展目标和附带的社会公正信息，将工程技术的价值传达给下一代年轻的女性工程师。支持妇女在教育和就业之间的过渡，对于后期进入者，帮助她们实现从其他行业到工程领域的跨行业流动。消除工程学术界对女性进步的系统性不利因素。

3. **工作场所**：创建一种包容性的企业文化，使女性工程师茁壮成长，平等地发挥领导作用，监测和消除因新冠肺炎疫情而造成的任何性别劣势。同时，想办法用更灵活的工作环境来吸引和留住女性。

4. **政府**：加强政府一级的举措，为职业女性提供支持，例如性别收入差距报告、执行委员会中妇女人数指标、灵活的工作结构、共享育儿假和良好的育儿设施等。

参考文献

Agberagba, V. 2017. *African Catalyst Project: Statistical data for women in science and engineering. A pilot project of Nigeria, Rwanda and Malawi.* https://afbe.org.uk/docs/African%20catalyst%20Project%20%20-%20final%20%20%20submission%20(1).pdf

Huyer, S. 2015. *Is the gender gap narrowing in science and engineering?* In: UNESCO Science Report Towards 2030. Paris: UNESCO Publishing, pp. 85–103. https://en.unesco.org/unescosciencereport

Montgomery, B.L. 2017. *Mapping a mentoring roadmap and developing a supportive network for strategic career advancement.* SAGE Open. https://doi.org/10.1177/2158244017710288

OECD. 2019. *Why don't more girls choose STEM careers?* Paris: Organisation of Economic Co-operation and Development. www.oecd.org/gender/data/why-dont-more-girls-choose-stem-careers.htm

O'Meara, K. and Campbell, C.M. 2011. Faculty sense of agency in decisions about work and family. *Review of Higher Education*, Vol. 34, No. 3, pp. 447–476.

RAEng. 2016. *Engineering and economic growth: a global view.* London: Royal Academy of Engineering. www.raeng.org.uk/publications/reports/engineering-and-economic-growth-a-global-view

RAEng. 2019. *Engineering Index 2019.* London: Royal Academy of Engineering. https://www.raeng.org.uk/RAE/EngineeringIndex/2019/index.html#slide-0

RSC. 2019. *Is publishing in the chemical sciences gender biased? Driving change in research culture.* London: Royal Society of Chemistry. www.rsc.org/globalassets/04-campaigning-outreach/campaigning/gender-bias/gender-bias-report-final.pdf

Stoet G., and Geary D.C. 2018. The gender-equality paradox in science, technology, engineering, and mathematics education. *Psychol Sci.*, Vol. 29, No. 4, pp. 581–593. Erratum in: Psychol Sci. Jan 2020, Vol 31, No. 1, pp. 110–111.

Tull R.G., Tull, D.L., Hester, S. and Johnson, A.M. 2016. *Dark matters: Metaphorical black holes that affect ethnic underrepresentation in engineering.* Paper presented at the 2016 ASEE Annual Conference and Exposition, New Orleans, LA, 26–29 June. https://peer.asee.org/dark-matters-metaphorical-black-holes-that-affect-ethnic-underrepresentation-in-engineering

UNESCO. 2017. Cracking the code: *Girls' and women's education in science technology, engineering and mathematics (STEM).* Paris: UNESCO Publishing. https://unesdoc.unesco.org/ark:/48223/pf0000253479

Yates, N. and Rincon, R. 2017. *Minority Women in the Workplace: Early Career Challenges and Strategies for Overcoming Obstacles.* Washington, DC: American Society for Engineering Education. https://peer.asee.org/28673

2

Dhinesh Radhakrishnan[①] 和
Jennifer J. DeBoer[②]

2.3
年轻工程师
及其作用

GaudiLab/Shutterstock.com

① 美国普渡大学工程教育学院研究和教学助理。

② 美国普渡大学工程教育学院副教授。

摘 要

联合国《世界青年报告》指出，年轻人应该是《2030 年可持续发展议程》的积极的建设者，而不仅仅是受益者（UN, 2018a）。尽管各院校正忙于解决申请 STEM（科学、技术、工程、数学）学位的学生数量不足的问题，但一个变革性的机会却常常被忽视，因为年轻人[1] 是工程教育的积极参与者，而不是标准课程的被动接受者。本节讨论了让年轻人成为批判性思考者、变革者和领导者，以此将"2030 年议程"转化为实际行动的案例模式（UN, 2018b）。

激发并扩大未来的工程师队伍的竞争

许多全球和全国性的工程竞赛都展示了"2030 年议程"的最佳实践。全球性竞赛通过提供广泛而令人兴奋的工程实践形象，促进了多样化，增加了选择学习 STEM 课程的学生人数。参加工作的毕业生继续终身学习，加入学科社团，并成为年轻工程师和变革者的榜样，这会对其他人起到带动作用。FIRST[2] 机器人竞赛对批判性思维的形成、团队合作、STEM 知识的推广和问题的解决起到促进作用（UNESCO, 2017）。毕业生进入工程领域的可能性与大学一年级时相比增加了 2.6 倍，女性毕业生进入工程领域的可能性增加了 3.4 倍（Melchior et al., 2018）。英特尔国际科学与工程大奖赛（Intel ISEF）[3] 激励青年人在基于项目的科学与工程领域

开展独立研究（ISEF, 2019）。

圣保罗大学在巴西举办的全国科学与工程展览会，称为 FEBRACE[4]，激励青年人提出项目建议，并将重点放在设有高级 STEM 学科基础设施的学校（FEBRACE, n.d.）。南非科学技术促进协会（SAASTA）组织了国家科学奥林匹克竞赛，以提升科学技术的价值和影响。中国科学技术协会（CAST）启动了科学人才计划，该计划旨在培养有才华的青年，为他们提供接受高等教育的机会（CAST, 2007）。

年轻工程师作为独立的利益攸关者或专业社团成员

正规大学课程中的年轻工程师在专业社团的学生部门中有很好的代表性 (如 YE/ FL[5]，ASEE SD[6]）。在社团中，他们参与与相关利益攸关者的直接对话，从而加快实现可持续发展目标的进程。由青年主导的独立倡议（如 SPEED[7]，BEST [8]）促进了青年群体中公民领导技能的发展，使他们有能力推动变革。

电气与电子工程师学会（IEEE, 2018）的学生分支机构积极与专业人士建立联系，以培养工程知识和技能。美国工程教育学会（ASEE）是世界上最大的工程教育学会，在认识到该组织需要学生的声音和青年领导才能之后，便成立了学生部。YE / FL 现在是世界工程组织联合会（WFEO）内的常设技术委

---

[1] 联合国教科文组织按年龄对青年进行了定义。为了使各地区保持一致，"青年"是指年龄在 15 至 24 岁之间的人，但不影响会员国的其他定义（联合国教科文组织，2017b）。该定义涵盖此范围内的所有年轻人，包括中学生、大学生、制造 / 建筑业人员、研究生或技术 / 职业教育学生、行业新成员和校外青年。

[2] "科学技术的灵感与认知"学会是一个国际青年组织，向在校学生提出制造工业规模的机器人的挑战。

[3] 英特尔国际科学与工程大奖赛（Intel ISEF）是世界上最大的

国际预科科学竞赛。

[4] FEBRACE 全称为 Feira Brasileira de Ciências e Engenharia。

[5] YE/ FL 是指世界工程组织联合会的年轻工程师 / 未来领导者。

[6] ASEE SD 指美国工程教育协会（ASEE）学生部（SD）。

[7] 学生工程教育平台官方网站：https://www.worldspeed.org/

[8] 欧洲技术学生委员会官方网站：www.best.eu.org/

员会，致力于促进青年融入行业的互动；研究中发现了一个重大差距（WFEO, 2018）。YE / FL 项目为行业实践、可持续发展目标以及发达国家和发展中国家之间的联系提供了青年人的视角。

全球非营利性学生组织 SPEED（学生工程教育平台）由跨学科的学生网络组成，这些学生渴望通过扩大学生的声音来实现工程教育的变革。自 2006 年成立以来，SPEED 通过赋予学生主动权来改善工程教育并专注于具体的行动计划，以此来维护社会正义（Shea and Baillie, 2013）。例如，2017 年 SPEED 的全球学生论坛促进了围绕清洁水、能源和相关问题的讨论（SPEED, 2017）。欧洲科技学生委员会（BEST）是一个面向欧洲理工科学生的非政府组织，旨在组织各种活动以促进形成国际思维方式。BEST 的教育委员会通过"教育活动"和调查收集学生的意见，同时传播结果并开发新计划，例如 2014 年引入的虚拟实习途径（Christofil et al., 2015）。

国际化发展和人道主义工程计划

教育研究人员已经证明，在发展过程中进行真正的"边做边学"会激励学生在最初迷失方向或沮丧时坚持下去（Lombardi and Oblinger, 2007）。澳大利亚无国界工程师（EWB-A）的长期现场安置就是一个成功示例。通过将志愿者工程师安置在现实世界中，EWB-A 在建设本地能力的同时解决了复杂的工程挑战。麻省理工学院（MIT）的梦想实验室（D-Lab）已经培训了 2,000 多名国际发展方面的学生，同时通过吸收妇女、少数族裔和性少数群体（LGBTQ）[①]学生，解决了平等问题（MIT D-Lab, 2018; Murcott, 2015）。

---

① LGBTQ 指女同性恋者、男同性恋者、双性恋者、跨性别者和酷儿。

难民的工程能力提升

鉴于年轻难民所掌握的独特知识，应向他们提供学习工程技能的机会。位于美国印第安纳州的 DeBoer 实验室（普渡大学）与多个地方的当地合作伙伴开展合作，开发了一种新的培养青年难民工程能力的模式。该计划为 Azraq（约旦）和 Kakuma（肯尼亚）难民营的难民提供大学学分，并利用工程设计指导学生以社区为中心解决问题。学生采用积极、融合、协作和民主（ABCD）的模式解决了当地的问题，并成为变革的推动者（de Freitas et al., 2018）。

> "工程学教我如何满足关于多样性方面的不同需求，以及如何开展团队合作。我能够利用多阶段工程设计程序来发现需求、发现问题并找到解决方案。我还能够有效地传达我的解决方案并获得反馈。对我而言，失败不是终点，而只是一个阶段。"
>
> ——Kakuma，工程学专业的难民青年毕业生

为校外青年提供创客空间和以社区为基础的环境规划

截至 2019 年，有 2.58 亿儿童和青年失学（UNESCO-UIS, 2019），这代表着巨大的开发潜力。即使是非正式的学习也能帮助这些人转变为年轻的工程师。自 2015 年以来，DeBoer 实验室与肯尼亚 Tumaini 创新中心的前"街头青年"机构合作，采用 ABCD 模式培养大学预科工程师。学生通过学习基础工程技能和"创客"原则来解决当地问题，例如，设计太阳能光伏系统为教室供电，然后担任社区的太阳能维护顾问。印度的 Vigyan Ashram 是正式培训计划的另一个成功示例。该计划支持校外青年提升其"动手解决问题的能力"，这种模式已成为印度青年能力建设的独特模式（Kulkarni, Balal and Gawade, 2012）。

结论

工程的正规和非正规学习途径为更多的年轻人提供了机会，有利于建立更具包容性的工程师队伍，更好地代表社会。使自己成为领导者和就业机会创造者，并将有助于青年人推动国家、区域和全球实现可持续发展目标。必须逐步去除当前现有体系中正规工程教育中的精英化和僵化，取而代之的是更加多样化的体验和对社会环境问题的理解。出于社会公正和环境因素的考虑，年轻人必须充分参与这一变革，改变工程实践，使工程成为促进包容性发展的工具。

建议

1. **政策制定者**：让年轻工程师直接参与课程、学习空间和就业的设计。资助那些让弱势青年参与的计划，并为参与组织提供奖励。制定小学／中学教育水平的工程标准和责任制。鼓励青年人通过参与社区活动来解决问题。

2. **行业领导者**：与学生组织直接交流当前的工作实践，消除研究中发现的差距（Stevens, Johri and O'Connor, 2014）。与服务弱势年轻工程师的项目合作。应用技术和程序解决方案来增加获得教育和培训计划的机会。

3. **教育工作者**：与合作者协作，在课程早期（中等教育或更早）向年轻人介绍工程学知识。在正式和非正式空间内使用真实的学习设计课程，包括通过多种途径让学生体验现实的、实际的工程作业。

参考文献

CAST. 2007. Science education programs. China Association for Science and Technology. http://english.cast.org.cn

Christofil, N., Cortesao, M.F., Brovkaite, E. and Marini, A. 2015.European education trends and BEST as an Open Social Learning Organisation. In: *Proceedings in EIIC: 4th Electronic International Interdisciplinary Conference*, pp. 15–18.

de Freitas, C.C.S., Beyer, Z.J., Al Yagoub, H.A. and DeBoer, J. 2018. Fostering engineering thinking in a democratic learning space: A class-room application pilot study in the Azraq Refugee Camp, Jordan. *Paper presented at the 2018 ASEE Annual Conference and Exposition.* https://www.asee.org/public/conferences/106/papers/23720/view

FEBRACE. n.d. Quem faz a FEBRACE? https://febrace.org.br/quem-faz-a-febrace/#.W7vDp2hKiUk (In Portuguese.)

IEEE. 2018. IEEE student branches by region. Institute of Electrical and Electronics Engineers. www.ieee.org/membership/ students/branches/student-branches-by-region.html#

ISEF. 2019. Think beyond. International Science and Engineering Fair. https://sspcdn.blob.core.windows.net/files/Documents/SEP/ISEF/2019/Attendees/Programs/Book.pdf

Kulkarni, Y., Ballal, S. and Gawade, J. 2012. Technology transfer to rural population through secondary schools:The Vigyan Ashram Experience. In: *2012 IEEE Global Humanitarian Technology Conference*, pp. 411–416.

Lombardi, B.M.M. and Oblinger, D.G. 2007. Authentic learning for the 21st century: An overview. *Educause Learning Initiative. Advancing Learning through IT Innovation.* https://library.educause.edu/resources/2007/1/ authentic-learning-for-the-21st-century-an-overview

Melchior, A., Burack, C., Hoover, M. and H. Zora, H. 2018. FIRST longitudinal study: Findings at 48-month follow-up (Year 5 report), April.

MIT D-Lab. 2018. MIT D-Lab designing for a more equitable world. https://d-lab.mit.edu

Murcott, S. 2015. D-Lab and MIT Ideas Global Challenge: Lessons in mentoring, transdisciplinarity and real world

engineering for sustainable development. *7th International Conference on Engineering Education for Sustainable Development*, pp. 1–8.

Purdue University. 2018. Multidisciplinary engineering – humanitarian engineering. https://engineering.purdue.edu/ENE/Academics/ Undergrad/MDE/PlansofStudy/humanitarian-engineering

Shea, J.O. and Baillie, C. 2013. *Engineering education for social and environmental justice.* Australian Government Office for Learning and Teaching. https://ltr.edu.au/ resources/CG10-1519_Baillie_Report_2013.pdf

SPEED. 2017. Global student forum. Student Platform for Engineering Education Development. https://worldspeed.org

Stevens, R., Johri, A. and O'Connor, K. 2014. Professional engineering work. In: A. Johri and B.M.E. Olds (eds), *Cambridge Handbook of Engineering Education Research.* Cambridge: Cambridge University Press, pp. 119–138.

UN. 2018a. *World youth report: Youth and the 2030 Agenda for Sustainable Development.* New York: United Nations.

UN. 2018b. Youth and the SDGs. www.un.org/ sustainable-development/youth

UNESCO. 2017a. 15 Clues to support the Education 2030 Agenda. In Progress Reflection No. 14 on Current and Critical Issues in the Curriculum, Learning and Assessment. https://unesdoc.unesco.org/ark:/48223/pf0000259069

UNESCO. 2017b. What do we mean by 'youth'? https://en.unesco.org/youth

UNESCO-UIS. 2019. 258 million children and youth are out of school. Fact Sheet No. 56, September. UNESCO-UNESCO Institute of Statistics.

UNHCR. 2020. UNHCR figures at a glance. UN Refugee Agency. www.unhcr.org/figures-at-a-glance.html

University of Colorado Boulder. 2019. Mortenson Center Global Engineering. www.colorado.edu/center/mortenson/about-us

WFEO. 2018. Committee on Young Engineers/Future Leaders (YE/FL)– Overview. World Federation of Engineering Organizations. www.wfeo.org/committee-young-engineers-future-leaders

3.
工程创新与可持续发展目标

摘 要

每一个可持续发展目标都需要根植于科学、技术和工程的解决方案。由于本报告很难涵盖广泛的工程解决方案，因此本章简要介绍应对以下重大挑战的工程创新：新冠肺炎疫情、清洁饮水和卫生设施、水利工程、气候紧急状态和自然灾害相关问题、清洁能源和采矿工程，以及利用新兴技术如大数据、人工智能和智慧城市概念促进可持续发展。所有这些都具体展示了工程如何帮助促进可持续发展目标和提高人类生活质量。这些工程解决方案不仅涉及技术手段，还伴随着道德规范、准则和标准，以确保负责任的进行工程实践。另外值得注意的是，联合国教科文组织还通过其工程计划以及一类和二类中心，在促进实现可持续发展目标工程创新中发挥着至关重要的作用。联合国教科文组织一直与工程学会合作，为制定旨在实现可持续发展目标的工程解决方案提供支持，并强调发展中国家的工程能力建设，尤其是在以下领域：灾害管理和气候风险、水工程开发以及负责任的人工智能和大数据应用等。尽管在工程创新方面已经取得重大进展，但目前的工程能力与实现可持续发展目标——不让任何人掉队，所需的能力之间仍然存在差距。本章提出了一系列建议弥补上述差距，这需要政府、学术和教育机构、工业和工程学会的共同努力来实现。

Shankar Krishnan[①] 和 Ratko Magjarević[②]

3.1
推动工程创新，以抗击新冠肺炎疫情和改善人类健康

① 国际医学与生物工程联合会（IFMBE）主席。

② 国际医学与生物工程联合会（IFMBE）当选主席，克罗地亚首都萨格勒布市的萨格勒布大学，电气工程与计算机系教师。

引言

2020 年 1 月 30 日，世界卫生组织（WHO）宣布了一项由严重急性呼吸综合征冠状病毒 2（SARS-CoV-2）的暴发引起国际关注的突发公共卫生紧急事件（PHEIC）。2020 年 3 月 11 日，该事件被确认是全球大流行病（WHO, 2020a）。由于疫情的发生，世界各地医护人员的工作量急剧增加，为应对迅速增加的新型冠状病毒肺炎感染者，医护人员面临前所未有的挑战，他们需要来自多个领域的紧急援助。来自工业界、学术界和研究中心的生物医学工程师与多学科专家合作，为适当的测试、诊断、治疗、隔离和接触者追踪开发并提供创新且快速的解决方案，以缓解新冠肺炎的传播。

目标

本报告的目的是回顾抗击新冠肺炎和改善医疗保健状况的工程方法。目前已经实施了一些关键技术来为新冠肺炎患者提供有效的护理和抗击该流行病的传播，这些技术包括医疗诊断和治疗设备、信息和通信技术（ICT）、医疗物联网（IoMT）、人工智能（AI）、机器人技术和增材制造技术。这些努力增强了快速、准确地检测病毒感染的能力，同时提供了许多复杂的生命支持设备，如呼吸机、成像和监护设备，以及有效的隔离、接触者追踪和大数据分析，这是医疗生态系统中提供及时援助所必需的。人工智能用于预测阳性病例和可能的死亡人数，以及远程医疗和机器人技术也得到了应用。越来越多的感染人数加速了诊断和治疗设备以及个人防护装备（PPE）的生产，在此过程中产生了新的生产工艺。许多生物医学工程师目前正专注于缓解该疾病，总体目标是通过实施技术进步来快速诊断、治疗患者并使其康复，以改善医疗保健状况和实现可持续

发展目标，同时以更低的成本达到更高的准确性，进而提高全人类的福祉。

诊断和治疗设备

世界卫生组织优先提供了新冠肺炎临床管理所需的医疗设备，并提供了关于其使用的临时指南以及技术和性能规格说明（WHO, 2020b）。提供清单包括：氧气疗法、脉搏血氧仪、患者监护仪、温度计、输液和吸引泵、X 射线、超声波和 CT 扫描仪、个人防护装备（PPE）（WHO, 2020c）以及相关标准、配件和耗材。

人们仔细分析了用于新冠肺炎测试的不同方法，以期找到最有效的病毒检测技术。现在有四种可用的诊断测试，分别为快速即时检测、组合测试、唾液测试和居家样本采集测试，这些测试可以根据不同的情况和情境为个人提供替代选择（FDA[①]）。检测 SARS-CoV-2 感染的金标准主要依赖于逆转录聚合酶链反应（RT-PCR），它在检测病毒核糖核酸（RNA）方面具有很高的灵敏度和特异性。但是，由于这种检测很复杂，导致周转时间较长。因此，开发了快速抗原测试，用作基于实验室的检测和即时检测，可在 30 分钟内以低成本提供结果。

呼吸衰竭的危重患者需要机械呼吸机形式的呼吸支持（Andellini, 2020）和最适合个性化通气的呼吸机设置（USPHSCC, 2020）。3D 打印的使用通过响应需求：从备件到医疗设备再到个人防护装备，使解决方案得以实现（Choong et al., 2020）。因严重呼吸道疾病入院的患者需要使用呼吸机。然而，考虑到可用的呼吸机数量较少，福特公司（Ford）、通用电气公司（GE）和 Airon

---

① 若想了解有关美国食品药品监督管理局2019年冠状病毒疾病检测依据的更多信息，请访问：https://www.fda.gov/consumers/consumer-updates/coronavirus-disease-2019-testing-basics

图 1 用户日常活动服务

注：IoMT 应用程序可采集生理、健康、行为和其他信息，这些信息对确定健康状况具有潜在意义（Celic, 2019）。

资料来源：Celic and Magjarevic, 2019

之间生产呼吸机的一项新合作已经启动（Ford, 2020）。

信息通信技术

新冠肺炎疫情推动了人类社会数字技术的发展。在许多国家，医疗保健系统通过采用先进的数字技术工具来应对疫情（Golinelli, 2020）。远程医疗被认为是一种高效实用的信息和通信技术服务，用于收集、存储、检索和交换医疗信息，而无需提供者和客户之间的直接接触（Bokolo, 2020）。自 2020 年初开始，使用远程医疗技术进行虚拟治疗和远程会诊的频率明显加快（Brodwin and Ross, 2020; Ohannessian, 2020）。

疫情于 2019 年 12 月出现后不久，患者被建议在网上寻求医疗帮助，以此代替面对面咨询，避免直接接触（Webster, 2020）。最近一项针对促进健康的移动使用和无线技术（mHealth）的研究，证实了

mHealth 的监测新冠肺炎患者并预测症状恶化以进行早期干预的可行性（Adans-Dester, 2020）。嵌入智能手机或类似设备中的交互式应用程序，具有交互式高质量显示屏、高分辨率摄像头和音频，有助于与临床医生进行联系和双向通信，并从各种在线服务中获取健康信息和指导。广泛的在线连接以及远程医疗的迅速采用，未来可能会更好地与提供个性化的医疗服务保持一致（Kannampallil, 2020）。然而，尽管新冠肺炎疫情暴发后不久，在线平台上就出现了新冠肺炎的筛查程序，但由于数字鸿沟的存在，许多人无法访问在线系统（Ramsetty and Adams, 2020）。为了了解流行病的传播情况，通过流动性指标从汇聚的移动定位数据中获得匿名个体的位置跟踪信息（Sonkin et al., 2020）。互联网服务还通过分享信息、帮助人们了解重大流行病的知识，以及明确影响公众的重要政府决策和政策，在抗击冠状病毒的斗争中提供了间接支持。

医疗物联网

医疗设备、卫生系统和服务的互联基础架构被称为医疗物联网。它将医疗设备和应用程序连接到一个网络，其中"物"与"物"相互独立地通信。这种互联性确保可以远程收集生理、健康（Aydemir, 2020）、行为和其他信息，这些信息对于确定偏远地区人员的健康状况及其诊断或治疗具有潜在价值（Venkatesan et al., 2020）。IoMT 的好处在于通信是机器与机器之间以自动化的形式实时进行。来自可穿戴设备、家用电器和车辆的信息被集成到多参数数据集中，即形成大数据。基于所获取的信息，最常见的症状可以在发作时就检测到，从而能够在疾病的早期阶段快速诊断出病例并实现患者的自我隔离，以防止感染的进一步扩散。但是，通过蜂窝和家庭网络以及 Wi-Fi 进行设备的互联，会导致黑客入侵或访问个人医疗数据，从而增加隐私的潜在漏洞。

人工智能的应用

人工智能在生物医学中的应用可以提高一系列生物医学领域工作的准确性和安全性，例如健康筛查、疾病诊断和治疗、康复培训和评估、医疗服务和管理、药物筛选和评估以及基因测序和表征。这些应用是由医学数据驱动的，包括图像、图集、医学记录和其他医学信息源。人工智能可对这些数据进行快速处理。疾病发病机理的智能管理、精确的诊断、安全的治疗和科学的评估等医学过程，可以显著提高医生的手术效率。这样可以缓解医生短缺的影响，提高诊断和治疗的准确性，优化高质量医疗资源的分配，实时进行健康监测和警告，快速部署医疗物联网、可穿戴设备和医疗设备，所有这些都可以受益于人工智能的应用。总体而言，人工智能的应用可以促进医疗技术创新，并使医疗保健进入定量分析的新阶段（CAE, 2019）。

通过人工智能的谨慎部署，结合预测模型、决策分析和优化工作的耦合来支持医疗保健中的决策和程序，从而提高效率和医疗质量。人工智能方法有望在医疗保健中发挥多种作用，包括急性和长期疾病管理，推断和警告潜在不良后果的隐患，选择性地引导注意力、医疗保健和干预计划，从而减少医院的失误，促进健康和预防护理 [①]。

框 1 人工智能在抗击新冠肺炎过程中的应用

自疫情暴发以来，人工智能在预警和警报、跟踪和预测、数据仪表、诊断和预后、治疗和治愈、社会控制以及疫苗开发等方面为抗击新冠肺炎做出了贡献。

例如，新冠肺炎的一项紧迫挑战是突破诊断时间的瓶颈，并通过使用适当的技术工具来帮助医生做出快速正确的决定。研究人员和工程师从许多经过仔细注释的计算机断层扫描（CT）图像中汲取了教训，建立了一个人工智能辅助 CT 成像系统，该系统可以在数分钟内筛选出疑似新冠肺炎病例，从而大大减少了诊断时间，同时提高了准确性。人工智能系统已在中国、日本和意大利等不同国家的医院中使用，在处理可能的假阴性 RT-PCR 测试病例方面提供了有用的补充检查。

值得一提的是，韩国通过在以下步骤中使用人工智能的智能支持，在没有封锁经济的情况下，成功地遏制了新冠肺炎的传播（ITU, 2020）：

- 人工智能快速测试工具开发
- 智能检疫信息系统
- 用于跟踪接触者的手机技术数据
- 通过人工智能改进诊断和患者分类
- 用于信息共享的移动应用程序
- 用于跟踪患者行动路线的智慧城市枢纽

---

① 本节关于人工智能的内容中包含了与龚克的通信。

机器人技术

冠状病毒大流行增加了人们对应用机器人技术作为一种有效的技术对抗新冠肺炎的兴趣。人们已经考虑使用机器人进行消毒清洁、运送药品和食物、以安全距离监视患者，所有这些都减少了人与人之间的接触以及所有工作人员的感染风险。此外，替代人类的机器人可以全天候地工作，不会受到感染，也不会疲倦，因此对于缓解大流行病期间医疗和辅助人员总体短缺的情况起到了很大的缓解作用。机器人被用作防护层，以实际隔离医护人员和患者，并减少了手术中的病原体污染（Zemmar et al., 2020）。

数字医疗

数字医疗（DH）在对抗新冠肺炎方面的应用越来越广泛。数字医疗将人们联系起来，赋予其管理健康和保健的能力，并得到可访问和服务提供商的支持，这些提供商在集成的、可互操作和数字化的医疗环境中工作，战略性地利用数字工具、技术和服务实现医疗保健服务的转型（Snowdon, 2020）。数字医疗的关键组成部分包括：健康信息系统、远程医疗和个性化医学，以及软件、智能传感器、连接性、物联网、人工智能、机器学习和高效计算平台。所有这些都提高了效率，加强了数据收集，及时获得有效护理，在不同人群中进行数据交流，从而确保公平，降低了成本，并为患者提供个性化药物治疗（FDA,2020）。数字医疗已证明对患者、医生、护士、理疗师、诊所、医院、保健提供者和政府机构都非常有益。

隔离

抗击新冠肺炎的关键步骤包括检测、隔离、治疗和接触者跟踪。隔离感染患者对确保最大限度的安全至关重要。必须遵循关键步骤，例如保持身体距离、使用合格的个人防护装备以及满足 14 天的隔离期。已经尝试了隔离室和维护隔离的创新设计，并且已经实施了实用的解决方案。新冠肺炎感染患者的护理人员使用的个人防护装备，包括口罩，经 NIOSH 批准的 N95 呼吸过滤器、面罩、眼罩以及一次性医用手套和隔离衣。在大流行危机的早期，个人防护装备的供应无法满足快速增长的需求。因此，与私营公司合作的政府机构提出了快速制造流程，为新冠病毒研究部门、医院和长期护理中心提供了创新的 3D 打印产品。产品设计中采用的巧妙方法为抗击新冠肺炎提供了急需的个人防护装备和隔离设施。在跨学科领域的工程师和专家的合作下，设计、建造并委托了几家"临时医院"来为新冠肺炎患者提供治疗。

接触者追踪

接触者追踪对于抗击新冠肺炎的传播至关重要。这是一个识别、监视和支持可能接触过新冠肺炎患者的过程。在一种接触者追踪方法中，A 出门时，带着一部具有蓝牙功能的手机，手机带有数字密匙，用于与其他手机进行通信。A 与 B、C、D 接触，他们所有的电话都交换了密钥代码。当 A 得知已被感染时，A 的状态在应用程序中被更新，并通过云发送到数据库。同时，B、C 和 D 的电话会定期检查云数据库，以发现接触者的状态。当 B、C 和 D 收到 A 被感染的警报时，他们必须进行新冠肺炎检测（Hsu, 2020）。这种设计已在新加坡的"TraceTogether"和爱沙尼亚的 HOIA 成功实施（Petrone, 2020）。如果受试者在接触新冠肺炎之后立即进行测试，即使是高灵敏度的 PCR 测试也可能呈阴性。症状的平均发作时间是暴露后五天，受试者在症状发作的前两天和后一天达到最高传染性（Redford, 2020）。

韩国建立了一个集中式的系统，该系统可以仔细检查患者的活动，确定与患者接触过的人，并使用应用程序监视隔离区内的人。接触者跟踪程序可以访问多个信息源，包括来自安全摄像机的镜头、移动基站数据和信用卡交易数据。因此，他们在没有关闭国门或实施本地封锁的情况下，成功地控制了新冠肺炎疫情（Hsu, 2020）。

部分自动接触者追踪模式的工作流程中涉及的步骤包括：快速通知接触者、接触者访谈、隔离/隔离指示、测试隔离/隔离指示、评估自我隔离支持需求、医学监测、监测和隔离指示，以及封闭（图2）。

设施重构与远程学习

医院、学校和大学设计并实施了工程方法和新配置。重新分配学生和教师在实验室和教室的位置是一项艰巨的任务。在办公室和公共场所，如图书馆、餐厅、体育馆和宗教中心，也需要类似的疏散方案。明智采用如 Zoom 等视频会议技术为所有学校和大学

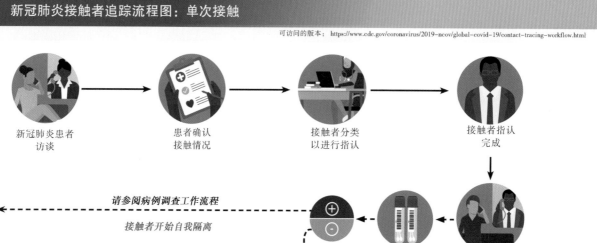

可访问的版本：https://www.cdc.gov/coronavirus/2019-ncov/global-covid-19/contact-tracing-workflow.html

新冠肺炎接触者追踪流程图：单次接触

新冠肺炎患者访谈 → 患者确认接触情况 → 接触者分类以进行指认 → 接触者指认完成

请参阅病例调查工作流程

接触者开始自我隔离

进行检测（如适用）并遵守国家指导原则* → 通知接触者

接触者自我隔离

如果无症状，接触者在最后一次接触后14天后停止自我隔离

进行检测（如适用）并遵守国家指导原则*

询问接触者是否需要医疗保健工作者的帮助

每天对接触者进行跟踪

自我隔离

确保接触者获得充足的供给（如：食品、水和卫生用品）

*如果接触检测呈阳性或出现新冠肺炎症状，则需要进行病例调查。欲了解更多信息，请参阅美国疾病控制与预防中心（CDC）本土指导原则：
https://www.cdc.gov/coronavirus/2019-ncov/if-you-are-sick/quarantine.html.

cdc.gov/coronavirus

www.cdc.gov/coronavirus/2019-ncov/global-covid-19

CS 320117-A 12/20/2020

图2 接触者追踪流程图

资料来源：Centers of Disease Control and Prevention (CDC, 2020)

的人提供了重要的支持，促进了远程教育的大规模使用。如果没有虚拟的、混合的学习环境，各年龄段的学生以及他们的教育者和管理者都将无法实现预期的功能。工程技术的进步极大地促进了"生活"尽可能接近的可接受的"新常态"。

多种新兴技术的应用

新兴技术，如5G网络、IoMT、远程医疗、移动医疗、纳米技术、增材制造、柔性电子、可穿戴传感器、云计算、人工智能、机器学习、预测分析、网络安全和精密医学，将被适当地用于满足抗击新冠肺炎的需求，以及改善所有人的医疗保健水平。亚马逊、联邦快递、UPS等公司采用的物流技术极大地促进了包括个人防护装备、呼吸机、药品和其他必需品等物资的有效运输，在抗击新冠肺炎的斗争中发挥了非常重要的作用。在临床环境中，生物医学工程师创建了一种高效的病床管理系统，可更快地实现患者出院和入院，以减少等待时间和缩短住院时间，提高效率的同时降低成本。对新冠肺炎患者数据的分析表明，这对低收入人群和老年人口，特别是对养老院内已有病情的情况下造成了不成比例的影响。借助政府和私营部门的资源，OWS（Operation Warp Speed）[①] 被用于加速安全有效的疫苗、治疗方法和诊断方法的测试、供应、开发和分发，以应对新冠肺炎疫情。

实现可持续发展目标3（SDG 3）的生物医学工程

可持续发展目标3（SDG 3）旨在"确保健康生活，促进各年龄段人群的福祉"。生物医学工程提供工具、技术、设备和系统来帮助诊断、治疗和治愈疾病，使人们保持健康。生物医学工程师与其他工程师和科学家合作，除了降低全球孕产妇死亡率和非传染性疾病造成的过早死亡之外，还为消除艾滋病、结核病、疟疾、肝炎和其他传染病的流行做出了贡献[②]。

穿戴式医疗设备可用于跟踪患者行为和结果之间的相关性。工程师可以通过促进预防为医疗保健系统提供帮助。工程专家与生命科学、医学、商业和监管机构的众多研究人员密切合作，为治疗和预防疾病富有成效的行动做出了贡献。可以预见，工程师和科学技术将在保持人类健康和促进各年龄段所有人的福祉方面发挥重要作用。

挑战

由于每日确诊病例、住院和死于病毒的人数激增，给医院和卫生系统造成了严重的财务损失，对运营产生了负面影响。关闭选择性手术和非必要服务已经导致了持久影响，触发了对联邦资助的迫切需求。虽然临床试验的结果能够证明几种疫苗的安全性和有效性，但大规模生产、销售、优先排序和大规模疫苗接种是需要应对的全球性挑战，特别是在遵守不同国家各种形式的公共卫生治理规定的情况下。新冠肺炎重症病例导致重症监护病房（ICU）床位严重短缺，ICU对有创和无创呼吸机支持的需求日益增加。

---

① 若想了解更多关于美国国防部的疫苗神速行动的信息，请访问：https://www.defense.gov/Explore/Spotlight/Coronavirus/Operation-Warp-Speed

---

② 若想了解更多关于 SDG 3 的信息，请访问：https://sdgs.un.org/goals/goal3

数字医疗面临的一些主要挑战是数字素养、强大的软件、培训、互操作性、资源不平等、资金和技术娴熟的劳动力（Taylor, 2019）。大流行期间，在没有社会互动的偏远地区，孤独的工作很可能会导致心理健康恶化。此外，虚拟课程的提供可能会给学习和教学带来问题。远程学习引发的压力导致了心理健康问题。学习成果的长期影响尚待确定。

遵守监管准则的一些核心障碍与实际问题、自私性和责任转移有关。虽然新兴技术适用于医疗保健应用，但要在更广泛的范围内实施，需要工程领域和全球医疗行业之间进行有效的协作，以及全球社会利用各种不平衡资源进行合作（Clifford and Zaman, 2016）。及时分析和共享利用智能技术和软件平台收集的有价值的信息，对于减轻和控制新冠肺炎的传播、对患者进行治疗以及为人类制定计划至关重要。

结论

多学科的工程师已经与科学家、医生、护理人员、数学家和其他专家合作设计、开发和实施解决方案的策略和方法，以解决与新冠肺炎相关的前所未有的多层面问题。虽然目前抗疫工作已经取得了一些成果，但大家还会继续努力创新，并做出强有力的承诺来减轻本次疫情的灾难性影响。高校、大学、企业和政府中心的研究人员将继续与多学科团队合作，建立公私合作伙伴关系，利用新兴技术开发智能解决方案，以改善人类生活质量并为各年龄段的所有人提供良好的健康和福祉。

建议

有许多基于工程的建议可以改善医疗保健水平，其中包括：

1. 在医疗保健生态系统的多个层面和领域内共同努力，改善全民医疗保健水平。

2. 采用和实施技术进步，从检测、诊断、治疗、数据分析以及新冠肺炎感染患者和其他疾病患者的康复等方面提供帮助。

3. 在医疗保健领域，需要开发新的技术，以更快的速度、更高的准确性和更低的成本执行众多过程，并使所有人受益。

4. 与用于应对本次疫情的创新方法类似，必须在设计、开发、制造和实施方面采用超快速的过程，以应对未来的挑战。

5. 学术界、生物医学界和医疗保健系统的国际医学和生物工程联合会（IFMBE[①]）的多国成员，以及监管组织、政府机构和非政府组织，应继续为开发有效的解决方案做出贡献，以解决本次疫情所带来的各种复杂问题，并帮助所有人保持健康。

---

① 国际医学和生物工程联合会官网：https://ifmbe.org/

参考文献

Adans-Dester, C.P. *et al.* 2020. Can mHealth technology help mitigate the effects of the COVID-19 pandemic? *IEEE Open Journal of Engineering in Medicine and Biology*, Vol. 1, pp. 243-248.

Andellini, M., De Santis, S., Nocchi, F. *et al.* 2020. Clinical needs and technical requirements for ventilators for COVID-19 treatment critical patients: an evidence-based comparison for adult and pediatric age. *Health and Technology,* Vol. 10, pp. 1403–1411.

Aydemir, F. 2020. Can IoMT help to prevent the spreading of new coronavirus? *IEEE Consumer Electronics Magazine*, Vol. 10, No. 2.

Bokolo, A. Jnr, Nweke, L. O. and Al-Sharafi, M. A. 2020. Applying software-defined networking to support telemedicine health consultation during and post Covid-19 era. *Health and Technology*, November, pp. 1–9.

Brodwin, E. and Ross, C. 2020. Surge in patients overwhelms telehealth services amid coronavirus pandemic. *STAT News, 17 March.* https://www.statnews.com/2020/03/17/telehealth-services-overwhelmed-amid-coronavirus-pandemic

CAE. 2019. *Engineering Fronts 2019*. Center for Strategic Studies, Chinese Academy of Engineering. http://devp-service.oss-cn-beijing. aliyuncs.com/f0f94d402c8e4435a17e109e5fbbafe2. pdf

CDC. 2020. Contact tracing for COVID-19. Centers for Disease Control and Prevention. https://www.cdc.gov/coronavirus/2019-ncov/php/ contact-tracing/contact-tracing-plan/contact-tracing.html

Celic, L. and Magjarevic, R. 2020. Seamless connectivity architecture and methods for IoT and wearable devices, *Automatika*, Vol. 61, No. 1, pp. 21-34.

Choong, Y.Y.C., Tan, H.W., Patel, D.C. *et al.* 2020. The global rise of 3D printing during the COVID-19 pandemic. *Nature Review Materials,* Vol. 5, pp. 637–639.

Clifford, K.L. and Zaman, M.H. 2016. Engineering, global health, and inclusive innovation: focus on partnership, system strengthening, and local impact for SDGs. *Global Health Action*, Vol. 9, No. 1.

ECDC. 2020. Options for the use of rapid antigen tests for COVID-19 in the EU/EEA and the UK. European Centre for Disease Prevention and Control, 19 November. https://www. ecdc.europa.eu/sites/default/ files/documents/Options-use-of-rapid-antigen-tests-for-COVID-19. pdf

FDA. 2020. What is Digital Health? *U.S. Food & Drug Administration, 22 September.* https://www.fda.gov/medical-devices/digital-health- center-excellence/what-digital-health

Ford. 2020. Ford to Produce 50,000 ventilators in Michigan in next 100 days; Partnering with GE Healthcare will help coronavirus patients. *Ford,* 30 March. https://corporate. ford.com/articles/products/ford- producing-ventilators-for-coronavirus-patients.html

Golinelli, D., Boetto, E., Carullo, G., *et al.* 2020. Adoption of digital technologies in health care during the COVID-19 pandemic: Systematic review of early scientific literature. *J. Med. Internet Res.* Vol. 22, No. 11.

Hsu, J. 2020. Contract tracing apps struggle to be both effective and private. *IEEE Spectrum*, 24 September. https://spectrum. ieee.org/ biomedical/ devices/contact-tracing-apps-struggle-to-be-both- effective-and-private

Kannampallil, T. and Ma, J. 2020. Digital translucence: Adapting telemedicine delivery post-COVID-19. *Telemedicine and e-Health*, Vol. 26, No. 9, pp. 1120–112.

Ohannessian, R., Duong, T.A and Odone, A. 2020. Global telemedicine implementation and integration within health systems to fight the COVID-19 pandemic: A call to action. *JMIR Public Health Surveillance*, Vol. 6, No. 2, e18810.

Petrone, J. 2020. Estonia's coronavirus app HOIA – the product of a unique, private-public partnership. *e-Estonia*, September. https://e-estonia. com/estonias-coronavirus-app-hoia-the-product-of-a-unique- private-public-partnership/

Ramsetty, A. and Adams, C. 2020. Impact of the digital divide in the age of COVID-19. *J Am Med Inform Assoc.* Vol. 27, No. 7, pp. 1147–1148.

Redford, G. 2020. Your COVID-19 testing questions – answered. *AAMC, 5 October.* https://www.aamc.org/news-insights/your-covid-19- testing-questions-answered

Snowdon, A. 2020. HIMSS defines digital health for the global healthcare industry. https://www.himss.org/news/himss-defines-digital- health-global-healthcare-industry

Sonkin, R., Alpert, E.A. and Jaffe, E. 2020. Epidemic

investigations within an arm's reach – role of google maps during an epidemic outbreak. *Health and Technology*, Vol. 10, pp. 1397–1402.

Taylor, K. 2019. Shaping the future of UK healthcare: Closing the digital gap. *Deloitte, 1 November*. https://blogs.deloitte.co.uk/health/2019/11/ shaping-the-future-of-uk-healthcare-closing-the-digital-gap.html

USPHSCC. 2020. Optimizing ventilator use during the COVID-19 pandemic.U.S. Public Health Service Commissioned Corps. https://www.hhs. gov/sites/default/files/optimizing-ventilator-use-during-covid19-pandemic.pdf

Venkatesan, A., Rahimi, L., Kaur, M. and Mosunic, C. 2020. Digital cognitive behaviour therapy intervention for depression and anxiety: Retrospective study. *JMIR Mental Health,* Vol. 7, No. 8, e21304.

Webster, P. 2020. Virtual health care in the era of COVID-19. *The Lancet Digital Health,* Vol. 395, No. 10231, pp. 1180–1181.

WHO. 2020*a*. Statement on the second meeting of the International Health Regulations (2205) Emergency Committee regarding the outbreak of the novel coronavirus (2019-nCOV). *World Health Organization*, 30 January. https://www.who.int/news/item/30-01-2020-statement-on-the-second-meeting-of-the-international-health- regulations-(2005)-emergency-committee-regarding-the-outbreak-of-novel-coronavirus-(2019-ncov)

WHO. 2020*b*. Priority medical devices list for the COVID-19 response and associated technical specifications. World Health Organization. https://www.who.int/publications/i/item/WHO-2019-nCoV-MedDev-TS-O2T.V2

WHO. 2020*c*. Technical specifications of personal protective equipment for COVID-19. World Health Organization, 13 November. https:// www.who.int/publications/i/item/WHO-2019-nCoV-PPE_ specifications-2020.1

Zemmar, A., Lozano, A.M. and Nelson, B.J. 2020. The rise of robots in surgical environments during COVID-19. *Nature Machine Intelligence*, Vol. 2, pp. 566–572.

José Vieira[①]

3.2
助力可持续发展的
水利工程

Suspended footbridge in Haiti

---

① 世界工程组织联合会候任主席。

联合国可持续发展目标 (SDGs) 以科技进步为支撑，在促进世界和平与繁荣、造福人类和保证地球上各种生命形式之生存的政策和实施行动方面发挥了重要作用。

水作为生命的先决条件，在可持续发展方面受到特别的重视。全球水问题，包括干旱和洪水、极端降雨、海平面和河流水位上升、丛林火灾以及未经处理的生活污水和工业废水等自然和人为事件造成的污染，是全球面临的关键挑战。为了满足人们日益增长的对清洁水的需求，需要对水资源进行充分有效的管理。

气候变化引起的水文变化将对水资源的可持续管理提出挑战，世界许多地区已面临巨大压力，加剧了已经面临水资源紧张的地区的不良状况，同时也给今天水资源丰富的地区带来了压力。

可持续发展目标 6（SDG 6）——清洁饮水和卫生设施，以"水目标"为关注点，旨在到 2030 年实现使人们普遍获得清洁饮水和卫生设施。根据联合国 2017 年的统计数据，尽管在这方面已经取得了进展，但估计仍有 22 亿人缺乏安全管理的饮用水，有 42 亿人缺乏体面的卫生设施。近年来，一种新的方法，即人们熟知的 WASH（waster, sanitation and hygiene）将洗手作为良好的卫生习惯，已被证明是防止新冠肺炎传播的有效方法。但估计仍有 30 亿人在家中缺乏基本的洗手设施，这可能对预防新冠肺炎产生不利影响。

按照目前的发展速度，许多发展中国家将无法实现使人们长期普遍获得 WASH 的目标。在这些国家，快速且无计划的城市化进程也给清洁水的供应和卫生服务带来了压力。由于联合国已将获得清洁、安全用水和体面的卫生设施视为一项基本人权，因此，国家和地方政府面临着履行其政治和社会承诺的压力。工程技术可以提供供水和卫生设施，从更有

效的化粪池设计到无水抽水马桶，将大型集中式系统的传统方法与分散的非下水道解决方案结合起来，帮助探索基础设施创新解决方案。

水利工程是一门多学科的技术，并得益于微电子、纳米技术、精细化工、生物技术、数据采集、卫星地球观测、水环境建模和遥感等领域技术创新的进步。

本节介绍了应对这些全球性挑战实现可持续发展目标的工程贡献案例，特别是可持续发展目标 6 方面的实例，其中强调了水文在清洁水和人类健康方面所取得的相互融合的进步。

3.2.1 清洁水与人类健康

José Vieira，Tomás Sancho[1]和Sarantuyaa Zandaryaa[2]

摘 要

人类健康与社区可获得清洁水的福祉之间的密切关系是经济和社会发展的决定性因素。尽管联合国在 2010 年将享有安全、清洁的饮用水和卫生设施视为一项基本人权[3]，但要实现该目标，尤其是在欠发达地区实现该目标，还存在巨大挑战。当前，在全球抗击新冠肺炎传播的形势下，清洁水在公共政策中已得到空前关注。从历史上看，土木工程师和环境工程师在提供清洁水和适当的卫生系统大型基础设施的设计和建设中发挥了重要作用。近几十年来，水和环境工程领域的重大进展带动了新的和更高效的水技术的发展，例如在高级水处理中采用的先进氧化、吸附、反渗透以及去除优先物质的纳米和超膜过滤技术。此外，航空航天、卫星技术、水环境建模、电子和计算机工程以及遥感技术等工程学科的创新，都有助于确定水循环的趋势，这对综合评估与水有关的定量和定性气候变化影响至关重要。

引言

可以肯定地说，在整个人类历史上，严重的公共卫生问题往往是由于传染病通过病原微生物（细菌、病毒、原生动物和蠕虫）传播所致，这与缺乏

安全饮用水有关。实际上，这些水传播疾病通过人们摄入食物或水，吸入气溶胶，接触受污染的水和节肢动物或软体动物等各种感染途径，已造成了严重且广泛的公共卫生危机（Vieira, 2018）。

从 19 世纪中叶开始，随着欧洲霍乱和其他胃肠道疾病的毁灭性流行，对于有关经济、社会、环境和日常生活的健康等方面的公共政策，人们的思想和态度逐渐发生了决定的变化。1834 年，英国成立了"济贫法委员会"。该组织在其活动范围内开展的研究（Chadwick, 1842），对医学和公共卫生工程具有决定性意义。从干预的角度来看，该行动的目标是防控疾病，有助于找到关于在城市环境中提供更清洁的用水和卫生设施的技术解决方案。因此，人们认为，如果实施预防性的技术解决方案，而不是依靠个体干预来促进健康，则可以更有效地抗击疾病。在这种背景下，蒸汽、新能源推动了革命性的饮用水网络和建筑下水道系统的发展，在废水收集和处理领域引入了新的技术进步，同时在促进城市健康方面发挥了战略性作用。

首先需要在医学和微生物科学方面取得进展，以识别和分离病原体，在此基础上才能通过工程技术的进步获得"更安全"的水。19 世纪末开始对饮用水进行消毒，大大减少了霍乱和伤寒的蔓延（Rose and Masago, 2007）。

当前，由于工业化、城市化的发展以及农业中化学产品的大量使用，水污染持续给公众健康带来压力。我们必须从过去吸取教训，利用工程技术的进步来解决全球清洁水问题，这对于控制新出现的和重复出现的水传播疾病至关重要，对于提高现代社会的生活质量也至关重要。

---

[1] 世界工程组织联合会水工作组主席。

[2] 任职于联合国教科文组织水科学处。

[3] 联合国大会在 2010 年 7 月 28 日第 64/292 号决议中将水和卫生设施视为一项人权，并承认清洁饮用水和卫生设施对于实现所有人权至关重要。

享有水和卫生设施的人权，以及水促进可持续发展的重点

2010 年，联合国大会将获得安全、清洁饮用水和卫生设施的权利视为一项充分享有生命权利必不可少的人权，这反映了每个人基本需求的根本性质。与会者一致认为，缺乏安全的、可获得的、充足的和经济上负担得起的水资源及卫生系统和个人卫生设施，对全世界数十亿人的健康、尊严和繁荣具有毁灭性的影响，对实现其他人权也有重大影响（UNESCO/UN-Water [①]，2020）。这是一项具有重大战略意义的政治行动，对在全球范围内实施旨在支持饮用水供应和卫生系统所需的基础设施的建设和维护的重大投资，具有决定性意义。

在 2015 年联合国可持续发展峰会召开之际，一份颇具雄心的文件《2030 年可持续发展议程》提出了，到 2030 年之前确定国家政策和国际合作活动方向的战略远景。该议程提出了在各个活动领域实施健康、人类和社会尊严的具体原则的 17 项可持续发展目标（SDGs）。例如，SDG 6 确立了确保所有人都可以获得和可持续管理水和卫生设施的原则。除了 SDG 6 以外，还有其他几个与水密切相关的目标，即 SDG 1（消除世界各地一切形式的贫困）、SDG 2（消除饥饿、实现粮食安全）、SDG 3（确保所有人的健康生活和福祉）、SDG 7（确保可负担、可靠、可持续的现代化能源）、SDG 11（建设包容、安全、有风险抵御能力和可持续的城市和人类住区）、SDG 13（应对气候变化）和 SDG 15（保护和恢复生物多样性、森林并遏制乱砍滥伐）。

然而，尽管在过去十年里取得了一定的进步，但在全面实施之前，尤其在欠发达国家，仍然需要克服一些重大挑战。实际上，最近关于世界人口供水、卫生设施和个人卫生系统的覆盖率的估计（UNICEF/WHO, 2019）显示，在这方面的进展相当缓慢，这令人怀疑拟定的目标到 2030 年能否实现：

● 饮用水：53 亿人可以获得安全管理的饮用水。另有 14 亿人至少可以获得满足基本条件的饮用水，2.06 亿人只能获得有限的饮用水，4.35 亿人不能获得改善的水源，还有 1.44 亿人仍在使用地表水。

● 卫生设施：34 亿人可以使用安全管理的卫生设施。另有 22 亿人至少可以使用满足基本条件的卫生设施，6.27 亿人只能使用有限的卫生设施，7.01 亿人无法使用改善的卫生设施，还有 6.73 亿人仍在露天排便。

● 个人卫生：全球 60% 的人口在家里拥有基本的洗手设施，包括肥皂和水。仍有 30 亿人在家里缺少基本的洗手设施，16 亿人拥有受限的洗手设施，缺乏肥皂或水，还有 14 亿人根本没有洗手设施。

这项详细的分析揭示了全世界数十亿人的卫生设施及个人卫生的现实状况，揭示了全球发达国家与欠发达国家之间巨大的不平等现象，以及这些不平等给相应的人群带来的严重的社会、经济和公共卫生影响。

为了加快实现人们所担忧的 SDG 6 的步伐，联合国启动了《可持续发展目标 6 全球加速框架》[②]，以协助各国增强快速实现 SDG 6 的国家目标的信心，并以此来推动 2030 议程的进程。2030 议程主要涉及减贫、粮食安全、良好的健康和福祉、性别平等、和平与正义，以及社区、生态系统和生产系统的可持续性和气候韧性。

该目标有助于实现用水和卫生设施方面的人权。它以持续的进展为基础，包括国际水行动 10 年（2018—2028）计划，以及联合国秘书长关于所有

---

① 联合国水机制官网：https://www.unwater.org/

② 若想了解更多关于可持续发展目标6全球加速框架的内容，请访问：https://www.unwater.org/publications/the-sdg-6-global-acceleration-framework/

医疗机构的用水、卫生设施和个人卫生方面采取全球行动的呼吁，以及关于人类议程的呼吁 ①。

工程应对清洁水的挑战

为了保障水安全，实现 SDG 6 并增强对气候变化的抵御能力，工程领域需要提供知识和技术来领导有效的水资源治理和管理。

改善饮用水、环境卫生、个人卫生和水资源管理可以减少近 10% 的全球水传播疾病总负担。以下示例提到了如果满足这些条件就可以预防的全球性疾病：腹泻（每年可预防 140 万例儿童死亡）；营养不良（每年可预防 86 万例儿童死亡）；肠道线虫感染（20 亿例感染，影响到世界三分之一的人口）；淋巴丝虫病（2,500 万严重丧失行为能力的患者）；血吸虫病（可预防 2 亿例感染）；沙眼（导致 500 万人患视觉障碍）和疟疾（每年可预防 100 万例死亡）（WHO，2019）。

除了这些众所周知的水传播疾病外，还可以预见到新出现的和未来的生物威胁，例如：i）可能重新出现的其他已知疾病；ii）由于采用了更先进的新型实验室方法而发现的"新"疾病；iii）真正的新疾病；iv）疾病行为的改变；v）环境条件的变化；vi）可能出现的多药耐药微生物。

预期的气候变化可能会使这些数字更加醒目，尽管到目前为止它们的传播范围很小。然而，随着水温升高，通过媒介节肢动物传播传染病的能力将会增强。由于水温的上升为上述媒介的繁殖创造了有利条件，以前像欧洲和北美这样太冷而无法传播的地区可能会经历这种趋势的逆转。

新出现的化学污染物在水资源和环境中无处不

在，其中包括：i）制药废物；ii）破坏内分泌的化合物；iii）亚硝胺；iv）农药；v）杀生物剂；vi）藻毒素 / 蓝细菌；vii）个人卫生用品；viii）香料；等等。对于大多数这些污染物，尚无关于其对人体健康影响的信息，其生态毒理学也没有列入定期水质监测的官方参数清单。此外，没有指出这些优先级物质在水和废水处理过程中的行为。

来自不同学科的工程师，运用科学知识以多学科的方式提供了用于解决与清洁水有关的复杂问题的解决方案，并为全球水问题提供了创新的解决方案。从历史上看，土木工程师在大型基础设施项目的建设和水资源开发中扮演着重要角色。其他工程学科，如机械、化学、生物、环境、农业、电子和计算机工程，也通过提供新的技术解决方案和增加可持续水管理政策的选择做出了贡献（见框 1）。

除了水利基础设施（大坝和水库、河道、管道、泵站、水处理厂）的设计之外，工程方面的贡献还包括系统的技术化，为其提供"智能"以通过研发和知识转移使其实现更好的运营和管理（Trevelyan，2019）。一些示例包括：

● 以综合的水资源管理系统支持水治理；

● 提高用水效率，减少市政配电网以及工业和能源冷却过程中的损失；

● 在河流、含水层和可持续城市排水系统中实施基于自然的解决方案；

● 保护和恢复与水有关的生态系统；

● 引进替代水源，例如安全的废水再利用（工业和农业的重要未开发资源）、暴雨径流和海水淡化，这也可以缓解缺水的压力；

● 评估和管理极端事件（洪水和干旱）的风险，极端事件是导致重大人员和经济损失的自然现象。

近几十年来，水和环境工程领域的重大进展促进了水技术更高效的发展，例如先进的氧化、吸附、

① 若想了解更多关于"人类议程"的内容，请访问：https://agendaforhumanity.org/

反渗透以及纳米和超膜过滤技术，这些技术可用于去除高级水处理中的优先级物质。

在去除有用物质（例如磷和铵）和其他产物以进行进一步处理方面，例如利用有机物生产沼气或基础化学品（可用于制药业并促进循环经济），这些技术已经取得了进步，同时还可以防止水资源和环境中有害物质的排放。

物联网、人工智能、新型数据驱动的分析和控制算法当前正在将水系统从被动的、单一用途的城市基础设施要素转变为主动的和自适应单元，从而使其更为高效、更具创新性和可持续性。

航空航天、卫星技术、电子和计算机工程等工程学科的创新以及遥感技术的创新有助于确定水循环趋势，这对于全面评估与水有关的定量和定性气候变化影响至关重要。

2020年新冠肺炎疫情的流行病学背景以及SARS-CoV-2病毒的未知科学特征导致多座城市被封锁，数十亿人接受社会隔离，重要的经济活动被迫停止。因此，民间社会组织已经认识到清洁水、安全卫生和有尊严的卫生设施对保护公众健康的重要性和价值。从来没有像现在这样明确地提出，经常用正确方法洗手可以防止感染新型冠状病毒的重要信息。WASH在遏制疫情的蔓延方面获得了空前的关注，特别是在那些无法立即获得清洁水的脆弱社区。

面对这些挑战，技术创新、知识管理、先进研究和能力开发将产生新的工具和方法，同等重要的是，加速在所有国家和地区实施现有的知识和技术（UNESCO/UN-Water，2020）。

建议

1. 清洁水是任何公共卫生政策的核心，也是可持续发展的组成部分。各国政府和政策制定者应采取

框1 创新工程对全球水问题的贡献

工程发展为应对全球水资源挑战提供了创新性的解决方案，提供了可持续水资源管理的重要信息，支持对新出现的水问题进行科学研究，并促进以科学为基础的水问题决策。此外，工程进展有助于减轻和预测未来的水挑战，并有助于全面评估与水有关的气候变化影响。

● 化学工程和环境分析进展：为开发广谱和高精度分析工具做出了贡献，这些工具揭示了水资源中越来越多类型的污染物的存在，并使检测和定量评估环境中存在的、先前未知的新污染物成为可能。使用高精度和高灵敏度的分析设备，与过去使用低灵敏度常规技术可检测到的污染物相比，检测污染物的浓度也大大降低。

● 生物化学工程进展：先进的氧化和吸附技术为特定污染物在排入市政下水道之前的预处理提供了解决方案，这些污染物包括医院和工业设施废水中的残留药物和化学药品。

● 环境工程创新：超滤、纳滤和反渗透等尖端工程技术已用于水和废水的高级处理中，并且已被证明可有效去除废水中新发现的污染物。

● 遥感技术的进步：现已开发了用于监控耗水量的无线传感器，并且越来越多地用于远程用水计量。高速互联网网络和全球覆盖范围以及云计算和虚拟存储功能的增强，促进了数据采集领域的发展。大数据分析的应用有助于通过处理与水有关的信息和数据的连续流的采集来获得信息。全民科学和众包服务有可能为预警系统做出贡献，并为验证洪水预报模型提供数据。

● 水环境模型的创新：已经开发了用于管理综合水资源、洪水和干旱、降雨径流和含水层补给、洪泛区估算、破坏预见、基础设施的韧性、能源和经济优化的特定和高级模型。

● 航空航天和卫星工程进展：基于卫星的地球观测（EO）可以帮助确定降水、蒸散量、雪和冰覆盖/融化以及径流和存储（包括地下水位）的趋势。地球观测影像的使用以及计算工程的飞速发展，对流域、国家、区域和全球各级的水质监测具有巨大的潜力。先进的环境卫星的发射提高了卫星图像的空间分辨率，并为内陆淡水体中基于卫星的水质监测研究开辟了新领域。此外，大多数地球观测卫星图像（如Landsat和Sentinel）的开放可访问性进一步促进了研究和应用，有助于更好地了解气候变化和人类活动对水资源的影响并获得相关信息。此外，使用地球观测卫星和无人机可以监测没有基础设施或交通不便的地区的水质和取水情况，尤其是发展中国家的这些情况。

紧急行动，以加快实现可持续发展目标 6，解决由于难以获得清洁水而造成贫困、不平等、粮食短缺和强制移民的恶性循环问题，这在欠发达国家尤为严重。

2. 在享受水环境模型、决策支持系统、微电子、纳米技术、精细化学品、生物技术和信息技术等领域的科学、技术和创新进展带来的好处的同时，需要应对与日益严重的水污染和气候变化影响相关的全球水资源挑战。

3. 清洁水的社会和环境相关性以及《2030 年可持续发展议程》的整体性质，要求在应对 17 项可持续发展目标中每一个目标的具体情况时，采取综合和系统性的方法。实现这些具体目标需要在实施过程中进行深入的跨学科分析和掌握多行业的专业知识。

参考文献

Chadwick, E. 1842. *Report on the Sanitary Condition of the Labouring Population of Great Britain*. Ed. with introduction by M.W. Flinn. Edinburgh: Edinburgh University Press, 1965.

Rose, J.B. and Masago, Y. 2007. A toast to our health: Our journey toward safe water. *Water Science and Technology: Water Supply*, Vol. 7, No. 1, pp. 41–48.

Trevelyan, J. 2019. *30-Second Engineering*. pp. 146–147. Brighton, UK: Ivy Press.

UNESCO/UN-Water. 2020. *United Nations World Water Development Report 2020 – Water and Climate Change*. United Nations Educational, Scientific and Cultural Organization and United Nations-Water. Paris: UNESCO Publishing. https://unesdoc. unesco.org/ark:/48223/ pf0000372985.locale=en

UNICEF/WHO. 2019. *Progress on household drinking water, sanitation and hygiene 2000–2017: Special Focus on Inequalities*. United Nations Children's Fund and World Health Organization. New York: UNICEF and WHO. https://apps.who.int/iris/bitstream/ hand le/10665/329370/9789241516235-eng.pdf?ua=1

Vieira, J.M.P. 2018. Água e Saúde Pública [Water and Public Health].Lisbon: Edições Sílabo (In Portuguese.)

WHO. 2019. *Safer Water, Better Health: Costs, Benefits and Sustainability of Interventions to Protect and Promote Health*. Geneva: World Health Organization.

3.2.2　水文助力可持续发展目标

Anil Mishra[1]、Will Logan[2]、Yin Chen[3]、Toshio Koike[4]、Abou Amani 和 Claire Marine Hugon[5]

摘　要

　　水文地理学为社会提供有关水通量、运输和管理的实用知识和信息，因此与工程应用有着密切的联系。自 1930 年以来，水文地理学作为一个独立的科学研究领域的发展（Horton，1931）伴随了工程水利基础设施随后 40 年的巨大进步。此外，水利基础设施的迅速增长促进了全球范围的工程应用。因此，水文和工程基本上是同步发展的。本节从联合国教科文组织政府间水文计划（IHP）的方案角度，介绍了水文与工程相互融合的发展，以应对全球挑战，包括可持续发展目标（SDGs）的实施。

全球水资源挑战

　　预计到 2050 年，世界人口将从 2017 年的 77 亿增长到 2050 年的近 100 亿，预计三分之二的人口将生活在城市地区（UNDESA，2017）。这将导致农业、能源和工业等部门的用水需求相应增加，并将在与水相关的基础设施开发的工程应用中得到体现。除了人口增长和经济发展以外，气候变化也是影响水安全的主要因素。因此，通过水资源管理来适应和缓解气候变化对于可持续发展至关重要，也是实现《2030 年可持续发展议程》《巴黎协定》和《仙台减少灾害风险框架》（以下简称《仙台框架》）目标的必要条件（UNESCO/UN-Water，2020）。

　　除了供水和卫生设施以外，管理和减少不确定性以及与洪水、沉积物侵蚀、运输和沉积以及干旱有关的风险，也是全球范围内的主要挑战。由于这些领域将水文学与工程学融为一体，本节将介绍这些领域的案例研究。

水文和工程如何助力实现可持续发展目标

　　可持续发展目标 6 明确提到了水问题（清洁饮水和卫生设施）。然而，与减贫、粮食、健康、性别和教育有关的目标以及与水有关的灾害和适应气候变化的目标，也是与水密切联系在一起的。因此，水文在实现水目标方面的最初作用已从最初的工程方法演变为涉及自然科学、社会科学和人文科学以及工程学的综合方法。工程设施和基于自然的基础设施，需要与涉及利益攸关者的参与和自下而上的气候适应性的水管理方法结合起来。这些活动需要动员国际合作进行研究，加强政策科学联系和能力建设。联合国教科文组织负有通过其各个计划部门（教育、科学、文化以及通信和信息部分）在与水有关的可持续发展目标范围内解决这些相互关联的问题的独

---

① 任职于联合国教科文组织水科学处。

② 任职于国际水资源综合管理中心（ICIWaRM）。

③ 任职于国际泥沙研究和培训中心（RTCES）。

④ 任职于国际水危害与风险管理中心（ICHARM）。

⑤ 任职于联合国教科文组织水科学处。

特任务。

联合国教科文组织在水文和实现可持续发展目标方面的独特作用

联合国教科文组织通过赞助国际水文十年（IHD1965-74）在这一发展中发挥了关键作用。国际水文十年为全球研究可用于工程的水资源包括社会方面、水质和土地利用提供了一种机制。国际水文十年（IHD）以及随后的国际水文计划（IHP）的目标是，通过开发和培训可持续水管理的方法、技术和指南，加强水文的科学和技术基础。

国际水文计划是联合国系统内致力于水研究和管理以及相关教育和能力建设的唯一政府间计划。该计划第八阶段（2014—2021）的主要目标是"水安全：应对局部、区域和全球的挑战"，调集科学力量来促进水安全。其所有活动均可为可持续发展目标提供支持。即将到来的国际水文计划第九阶段（2022—2029）将反映出与实现可持续发展目标、《巴黎协定》和《仙台框架》更加紧密的联系。

以下三个案例研究是由国际水文计划和联合国教科文组织的三个二类中心 ICHARM[①]、IRTCES[②] 和 ICIWaRM[③] 进行的。这些中心秘书处分别主持国际洪水倡议（IFI）、国际泥沙倡议（ISI）和全球干旱土地水与发展信息网络（G-WADI），并专注基于水文的水管理和工程应用服务（分别为防洪、泥沙输送和干旱）。

---

① 水灾害和风险管理国际中心官网：https://www.pwri.go.jp/icharm/

② 若想了解有关国际泥沙研究培训中心（IRTCES）的更多信息，请访问：https://uia.org/s/or/en/1100024285

③ 国际水资源综合管理中心官网：https://iciwarm.info

亚洲和西非的防洪、大坝运作和水管理

ICHARM 开发了基于水和能源预算的降雨径流淹没（WEB-RRI）模型，旨在以高精度分析与水相关的危害现象。该模型集成了能够计算水和能量平衡动态的 Hydro-SiB2 模型和能够执行二维径流/淹没计算的降雨—径流—淹没（RRI）模型。将这一新模型与大气模型结合使用，不仅可以评估洪水灾害的影响，还可以评估由未来气候变化而引起的干旱灾害的影响。ICHARM 与电力公司合作，通过将综合优化方案应用于水电大坝的当前运行程序，来减少无效的大坝排放，提高洪水期间的发电效率，并确保洪水后大坝水库的存储容量。

ICHARM 与东京大学合作，使用数据集成和分析系统（DIAS）开发了斯里兰卡的卡鲁河和菲律宾的邦板牙河的实时洪水预报系统。该系统已开始向两国的相关组织提供洪水预报信息。同样，作为亚洲开发银行（ADB）关于气候变化影响评估项目的一部分，ICHARM 对越南的顺化、河江和永安三个城市应用了一系列考虑了不确定性的预测方法。在这项研究中，选择了四个通用循环模型（GCM），因为这些模型对气象因素的响应速度很快。通过应用统计降尺度，对源自 GCM 的与未来预测有关的不确定性进行了评估，使用动态降尺度创建了未来气候情景，并使用 RRI 模型进行了洪水风险评估。

在西非，尼日尔和伏尔塔河流域经常发生洪灾，灾害导致了死亡，同时也阻碍了该地区的经济发展。为了减少对人类的破坏，联合国教科文组织提议为这些流域及其周边地区开发洪水监测和预报系统。ICHARM 在水灾害平台框架内与联合国教科文组织缔结了一项旨在提高非洲气候适应能力的伙伴关系协定后，便为尼日尔和伏尔塔河流域开发了洪水预警系统，以帮助该地区减少水灾风险。同时，ICHARM 邀请了来自农业气象和实用水文学及其应用的区域

培训中心（AGRHYMET）的工程师来日本，并提供了关于该系统的培训。农业气象和实用水文学及其应用的区域培训中心（AGRHYMET）是撒赫勒干旱防治常设国家间委员会（CILSS）和沃尔特河流域管理局（VBA）的专门机构。

水文服务在中国长江三峡工程防洪治沙管理中的应用

中国的三峡工程位于长江中游，是世界上最大的水利工程之一。自2003年以来，三峡工程已产生了全面的防洪、航运、发电和水资源效益。它的年平均发电量为848.8亿千瓦时，相当于约5,000万吨煤炭。大坝所在地河流的年均径流量和泥沙量分别为4,510亿立方米和5.3亿吨。三峡工程的总蓄水量和防洪蓄水量分别为393亿立方米和221.5亿立方米。长期和实时的水文记录可用于确定其防洪和泥沙管理模式。

三峡工程控制了进入荆江（洪水期间最危险的河段）的96％的水流，同时控制了进入武汉的三分之二以上的水流。荆江段的防洪标准每100年提高一次，方法是储存洪水，降低洪峰流量，压平洪峰。在2003年至2019年之间，三峡工程累计入库了1,533亿立方米的洪水，对缓解总体洪灾和降低长江流域的洪灾水位起着不可或缺的作用。

2020年夏季，该流域发生了严重的洪灾事件。通过三峡工程的流量调节，洪峰流量从70,000立方米/秒降至40,000立方米/秒，长江中游主干河段水位下降了0.45米至2.55米。根据中国工程院的统计，仅三峡工程每年的防洪效益就达88亿元。

三峡工程以"储存清水和释放浑水"模式运作。在洪水季节，水位保持在较低水平，以使大量的沉积物通过水库运输并向下游排放。在这一年的剩余时间里，水库的水位为175米。2003年至2019年，水库泥沙淤积18亿吨，泥沙输送比为24％。根据目前的泥沙流入预测，储层泥沙平衡期可以从100年延长到300多年。

国际泥沙研究培训中心（IRTCES）组织了国际培训讲习班，以制定实用的设计和管理策略，这些策略将通过水库沉积管理促进水电和大坝的可持续发展。例如，分别在2018年和2019年在北京举办了"综合泥沙管理国际培训班"和"RESCON 2和泥沙管理替代方案评估数值模型国际研讨会"。

加利福尼亚州的干旱、缺水和水资源管理

南加州是领先的农业生产地，也是主要的制造业中心，拥有2,300万人口。由于年平均降雨量仅为375毫米/年，在大多数年份中必须从该地区以外的地方引水。实际上，平均而言，南加州通过北加州和州际科罗拉多河的渡槽获得的水为总用水量的一半以上。水利工程基础设施包括输送水的管道、用于蓄水和保护主要城市的水坝、用于提供饮用水的水厂、用于处理和分配废水以供再利用的设施，以及对海水入侵形成水力屏障的注入井。

虽然水资源工程界的任务总是充满挑战，但是在干旱年代，每一滴水都尤为重要。一些最明显的权衡涉及在干旱期间平衡洪水风险管理和供水。从2011年至2017年，加利福尼亚遭遇了一千年来最严重的干旱，这给水资源管理者带来了巨大压力。在这种情况下，许多子学科的水文学家为缓解这种压力做出了贡献。首先，水文气象学家利用卫星（包括由联合国教科文组织共同开发的系统）、地面多普勒雷达和降水量计估算了稀少降水的数量和分布。其次，积雪水文学家借助卫星和航空影像辅助的积雪测量，

测定了山区积雪中的融水当量。再次，地表水和地表水文学家将雨水和融水径流转化为水库的输入水。最后，地下水水文学家分析了该州含水层系统的安全产量。随着地表水枯竭，许多灌溉者转为使用该系统以及管理含水层补给的潜在水源。这些研究共同为预防重大灾难提供了帮助。

尽管如此，在下一次干旱中，水文学家还可以做更多的事情来改善工程基础设施的管理。目前正在进行现场试验，以测试预报知情水库运作情况（FIRO）。将使用来自分水岭监测以及天气和水预报的数据，用于以反映当前和预测状况的方式帮助管理水的排放。例如，在南加州的普拉多大坝，可以在未来不可避免的干旱中使用 FIRO，以便将更多的稀有雨水收集起来，用于蓄水层的补给，同时将下游高度城市化地区的洪水风险控制在可接受的范围。

未来之路

工程和水文都不是一成不变的，两者都受到技术和社会需求的影响（Sivapalan and Blöschl, 2017），这一趋势在未来可能会持续（Blöschl et al., 2019）。为了应对这些驱动因素，国际水文科学协会（IAHS）确定了 23 个"水文中尚未解决的问题"（Blöschl et al., 2019）。最近的研究还重点介绍了水文科学和创新以及水管理工程学方面的进展，以及改善这种关系的解决方案，特别是为《2030 年可持续发展议程》《巴黎协定》和《仙台框架》做出了贡献。

尽管迄今为止已在工程和水文方面取得了许多进展，但仍需要全面的综合数据和多学科方法，为实现可持续发展目标及其与水有关的目标提供解决方案。联合国教科文组织在自然科学和社会科学领域的职责范围广泛，这使其具有应对这些挑战的独特优势。在促进和利用水科学进步的同时，国际水文计划和联合国教科文组织在水领域的合作伙伴运用创新的多学科且对环境无害的方法和工具，在科学与政策关系中发挥作用，帮助应对当今的全球水挑战。

建议

1. 最近的研究应强调水文科学和创新，以及水管理工程方面的进展，强调改善这种关系的解决方案，以便为《2030 年可持续发展议程》《巴黎协定》和《仙台框架》做出贡献。

2. 水利工程和基于自然的基础设施需与涉及利益攸关者的参与和自下而上的气候适应的水管理方法相结合。

3. 工程师需要接受与水文技术和社会需求等外部因素有关的水文最新进展方面的培训，以便为实现可持续发展目标和其他与水有关的目标制定有效方法。

参考文献

Blöschl, G. *et al.* 2019. Twenty-three unsolved problems in hydrology (UPH) – a community perspective. *Hydrological Sciences Journal*, Vol. 64, No. 10, pp. 1141–1158.

Horton, R.E. 1931. The field, scope, and status of the science of hydrology. *Eos, Transactions American Geophysical Union*, Vol. 12, No. 1.

Sivapalan, M. and Blöschl, G. 2017. The growth of hydrological understanding: Technologies, ideas, and societal needs shape the field. *Water Resources Research,* Vol. 53, pp. 8137–8146.

UNDESA. 2017. *World population prospects: Key findings and advance tables – the 2017 revision*. Working Paper No. ESA/P/WP/248. United Nations Department of Economic and Social Affairs, Population Division. New York: United Nations. esa.un.org/ unpd/wpp/Publications/Files/WPP2017_KeyFindings.pdf

UNESCO/UN-Water. 2020. *United Nations World Water Development Report 2020: Water and climate change*. United Nations Educational, Scientific and Cultural Organization. Paris: UNESCO Publishing. https://unesdoc.unesco.org/ark:/48223/ pf0000372985.locale=en

Darrel J. Danyluk[①]

3.3
气候变化——
严峻的环境危机

Bernhard Staehli/Shutterstock.com

---

① 加拿大工程师协会前任主席和世界工程组织联盟 (WFEO) 工程与环境委员会前任主席。

摘 要

气候变化表现为大气和海洋条件的变化，特别是通过气候变化以及极端气候事件的频率和规模的变化，将给许多自然和人类系统带来更多的和新的风险。所有基础设施都是按照构建时的规范和标准设计和建造的。然而，这些规范和标准隐含的前提条件是假设气候是静止不变的。因此，当前的气候变化让人们不得不对这些规范和标准产生质疑。①

一个系统会在其最薄弱的环节出现问题，必须识别并缓解最薄弱的环节

世界正面临着一个充满挑战的未来。气候变化的影响是实际存在的，必须应对这一危机；不能也不应该低估其严重性。联合国气候变化框架公约（UNFCCC）和政府间气候变化专门委员会（IPCC）的结论是，世界正在经历气候变化，这需要重新评估当前用于设计所有基础设施的气候标准的相关性。这些评估对于确定基础架构对气候影响的脆弱性以及实施旨在减轻其风险和影响的适应性措施非常重要。正是这种对现有基础设施的威胁构成了气候紧急状态。水利、交通、电力、通信和已建成的基础设施都处于风险之中，一个基础设施的故障会严重影响我们的经济、安全以及生活方式。气候变化对世界基础设施构成了巨大的威胁。现有的基础设施是发达世界的支柱，为人们提供了安全健康生活的必要手段。因此，必须查明这些脆弱性，并减轻可能危及这种平衡的日益增加的气候风险。

---

① 请阅读 WFEO-CEE 的 2010 年 4 月工作简报，网址：https://www.wfeo.org/wp-content/uploads/stc-environment/All_WFEO-CEE_Newsletters.pdf

只有对基础设施的交付进行系统性改进，影响基础设施的气候灾害才能得到缓解。决策者和公民、行政当局及其他实体必须适当履行职责，同时强调提高认识和防灾教育的重要性，以便充分采用预防文化。

工程师将尽最大努力了解、量化和适应这些变化，以最大程度地减少日益恶劣的天气对基础设施系统的交付和可持续性产生的不利影响。

WFEO 气候紧急状态宣言——世界工程界对气候紧急状态的响应

气候变化导致的危机是我们这个时代最严重的问题之一。虽然人类引起的气候变化是科学界和世界上大多数国家承认的一种现象，但全世界仍然缺乏积极、集体的行动和领导力，来防止破坏行为的继续和排放量的增加以应对气候变化。工程师和工程界在提出这些问题并提供切实可行的解决方案，以缓解和适应气候变化方面可以发挥作用。工程师的主要目的一直是寻求进步和提供解决方案，增强社会福祉。会员国、工程组织、设计师、建造者、从业者、学术界、研究人员和利益攸关者需要承认，气候紧急状态对地球上人类的可持续性构成严重威胁。

《联合国气候变化框架公约》提供了一个稳定的结构，在该框架下工程师可以倡导合作，通过使用可靠和更新的技术来建设可持续的和具有韧性的基础设施，这对于缓解气候紧急状态的后果，实现碳中和经济和产业转型至关重要。在缔约方会议上，世界工程组织联合会的工程与环境委员会的成员代表工程专业发表了意见。在 2019 年 12 月于马德里举行的联合国气候变化会议（COP25）缔约方大会期间，世界工程组织联合会表达了对气候紧急状态的深切关注，总结了通过世界工程组织联合会气候紧急状态宣

言迅速采取行动的立场和承诺。该宣言于 2020 年由 27 个地区和国家的工程机构签署（WFEO，2019）。这项全球宣传运动旨在提高人们对气候变化的直接和长期影响的认识，为应对这些挑战的创新技术提供支持，并建设具有韧性的基础设施和社区（框 1）。

框 1 WFEO 和世界工程界关于气候行动的承诺

1. 继续提高对气候紧急状态和迫切需要采取行动的认识。

2. 扩大知识和研究的交流，以促进和激励减缓与适应气候变化的能力建设。

3. 努力建设一个工程社群，使多元化和包容性的成员共同努力制定出创新型的减缓气候变化的策略。

4. 在减缓和适应气候变化的最佳实践方面为发展中国家提供关于工程知识的支持。

5. 利用世界工程组织联合会（WFEO）的全球影响力和关联关系收集关于气候变化对全球妇女和弱势群体的影响的证据。

6. 应用并进一步确立减缓和适应气候变化的原则，这是工程行业成功的关键指标。

7. 升级现有的已建基础设施系统，这是实现生命周期碳排放和包容性社会成果的最有效解决方案。

8. 运用生命周期成本、生命周期碳排放建模和建设后评估，来优化和减少隐含碳、运营碳和用户碳的碳排放。

9. 在实践中采用更多的再生设计原则，提供能够产生完整基础设施系统的工程设计，以实现 2050 年净零碳排放经济的目标。

10. 加强气候公约、世界工程组织联合会及其成员、准成员和合作伙伴以及参与设计和提供完整基础设施的所有专业人员之间的合作水平。

11. 与我们的成员、准成员和合作伙伴一起努力实现这一承诺。

系统性改善的要素

需要明确现有准则，使工程师为应对气候变化对全球已建基础设施的影响所需的变革做好准备，因为现在需要具有适应气候变化的基础设施。这些拟定的变革包含在两个要素及其后续成果中，如下文所述。

要素 1：开发和实施工程工具、政策和实践，进行风险评估以适应现有和新建的应对气候变化的民用基础设施。

成果要素 1

● 为进行基础设施气候风险评估制定公共基础设施工程漏洞委员会（PIEVC）协议（PIEVC，2020），并且提供给全世界的从业者使用。这是评估气候风险和支持基础架构韧性的公认的且经过测试的方法。

工程脆弱性／风险评估是工程设计中使用的规范和标准与新标准到位之前使用的工具（例如 PIEVC）之间的桥梁，从而确保在民用基础设施工程设计、运营和维护中考虑到气候变化。识别基础设施中高度易受气候变化影响的组成部分，可以制定经济高效的工程／运营解决方案。

该协议是为工程师、规划人员和决策者提供的结构化、正规化和文档化的流程，提出了旨在应对与变化（特别是由于极端气候事件而导致的气候设计参数和其他环境因素的变化）相关的脆弱性和风险的措施。评估有助于证明有关设计、操作和维护的建议的合理性，并提供有文档化的结果，可以满足出于保险和责任目的的尽职调查要求。

● 关于气候变化适应性的工程师实务示范守则（框 2）

本示范守则和解释性指南（WFEO，2013）在更广泛的可持续发展和环境管理背景下，通过考虑工程学解释了道德标准与专业实践之间的联系。

鼓励工程师随时了解不断变化的气候条件，并在其专业实践中考虑潜在的气候影响。本示范守则是考虑气候变化影响的指南，以便工程师可以清楚地记录这些考虑的结果。它由九项原则组成，构成了工程师在发起气候变化适应行动时的专业实践范围，尤其是在民用基础设施和建筑物方面。

● 更新的规范、标准和指南基于科学，并且被工程师用来或依靠工程师来反映不断变化的气候条件。

国家和国际机构已经解决了现行法规、标准和指南中反映不断变化的气候的标准缺陷。一个示例就是 ISO 指南 84：2020，该指南提供了解决标准中的气候变化的指南（ISO，2020），以便标准制定者可以在标准化工作中考虑适应气候变化（ACC）和缓解气候变化（CCM）。与适应气候变化有关的考虑旨在促进加强备灾和减少灾害，并影响组织及其技术、活动或产品（TAP）的韧性。

框 2 九项原则归纳为三大类：

1. 专业判断
原则 1：将适应性融入实践
原则 2：审查当前标准的充分性
原则 3：执行专业判断

2. 整合气候信息
原则 4：解释气候信息
原则 5：与专家和利益相关方合作
原则 6：使用有效的语言

3. 实践指南
原则 7：计划使用寿命
原则 8：对不确定性使用风险评估
原则 9：监控法律责任

要素 2：积累知识、经验和适当技术，提高工程师的技术能力，使民用基础设施适应气候变化，特别是在发展中国家和最不发达国家。

成果要素 2

● 工程协议培训工作坊

为工程师和其他专业人员举办有关风险管理方法的理论和应用以及《PIEVC 基础设施气候风险评估协议》的工作坊。包括关于风险评估原理的介绍和案例研究示例的展示。

● 单项基础设施工程漏洞评估案例研究

完成后，基础设施工程脆弱性评估的结论可提供有关其各自基础设施类型的宝贵见解，例如水和废水系统、桥梁、水坝、机场、港口、高速公路、电力传输和分配网络以及建筑物（包括医院）。

发展中国家的案例研究包括：气候对亚洲湄公河水闸未来影响的建设前评估；对南美港口和输电线路的评估；在非洲尼罗河流域对实践框架方法的准备以及对中美洲的桥梁、水和废水的评估。

● 工程和气候风险评估在国家适应计划（NAP）中起着重要作用。GIZ 的一个项目，即"为基础设施投资增强气候服务（CSI）"[①] 提供了案例研究经验。

可以将工程、气候服务和政策整合在一起，以扩大适应行动的范围，使其包含政府、监管机构、气候科学家、工程师、基础设施所有者和其他从业人员。

CSI 项目帮助处理了气候数据，并展示了如何为基础设施规划开发气候产品和咨询服务，例如通过气候风险评估（GIZ，2017）。特别关注了基础设施领域中提供和完善气候数据的人士、决策者、规划者和工程师之间的合作。在此过程中，开发了量身定制的气候产品，以对选定的基础设施进行技术风险分析。

此项分析所采用的方法是以 PIEVC 协议为基础的。该协议阐明了基础设施的对象及其操作程序是如何受到各种气候因素的影响的，并为选择有意义的适应措施奠定了基础。从风险评估中获得的经验，有助于在现有针对特定国家的基础设施规划方法和指南中考虑气候变化。

所有活动都可以纳入国家行动计划和国家自主贡献（NDC），以促进其发展和实施。

推出了气候风险信息决策分析（CRIDA），以便在确定（基于生态系统的）适应策略时，考虑气候变化不确定性，并实现灵活的决策流程（UNESCO，

---

① 查看 CSI 的产品概况：http://climate-resilient-infrastructure.com/wp-content/uploads/2020/08/CIS_GIZ_product_landscape_8.pdf

2018）。

框 3 CRIDA 原则

1. 识别关于未来不确定变化的问题和机会。

2. 总结和预测导致长期失效的条件。

3. 制定稳健或适应性强的替代计划。基于先前的评估和利用科学知识评估合理性，利用以下四种不同的策略指导协作计划的制定：

i. 标准计划指南和安全裕度足以满足要求，无须更改当前程序。

ii. 制定计划以缓解未来日益增长的压力，这些计划要求在不同层面上有更强大的替代方案。

iii. 证据来源冲突、证据的共识缺乏、认为长期失效有合理性、风险防范程度不够。提出一项旨在制定具有适应性选项的"双赢"计划（即确保将来仍然可以采用今天尚未采用的替代方案）的协作战略。

iv. 有足够的理由要采取行动，但证据来源相互矛盾，对证据缺乏共识会导致对首次投资的规模产生分歧。建议采用一种策略来制定可接受的稳健的初始替代方案，并为未来提供更多选择。

4. 协同评估稳健性或适应性。在气候风险信息决策分析流程下，漏洞域的使用可以帮助所有各方了解可能损害项目的未来情况。

5. 比较替代计划的稳健性或适应性。

6. 选择稳健性或适应性计划。

建议

1. 各国可以通过优先安排适应性计划和行动来识别、理解和管理气候变化风险，包括基础设施出现以下情况时运营维护以延长其寿命：i) 有失效风险；ii）服务需求提高；iii）生命周期即将结束；iv）超过风险承受力水平，需要大量投资进行翻新或更换。

2. 政府、工业界、学术界、民间社会组织和媒体之间的国际和国家跨部门行动者必须合作应对这一气候紧急状态。

3. 已经设计、管理和运行基础架构的团队提供了必要的人力资源，以识别与气候相关的挑战并采取适应性或补救措施，

4. 更新国家法规、标准和指南，加强国家气候服务，开发工程和规划工具以实现气候风险评估方法的标准化，并利用多方团队为社会提供现有和未来基础设施风险应对气候变化的途径。

5. 应特别关注发展中的脆弱国家，通过更新其国家法规、标准和准则，建设其适应气候变化的弹性基础设施的能力，以及在气候服务、工程和交付能力方面的能力建设。

6. 应寻求与工程研究相结合的合作，以确定并提供创新的解决方案，包括基于自然的解决方案。动员全世界的工程能力，在全球范围内实施解决方案是解决气候紧急状态的重要一步。

参考文献

GIZ. 2017. Making use of climate information for infrastructure planning. Project description. Die Deutsche Gesellschaft für Internationale Zusammenarbeit GmbH. https://www.giz.de/en/worldwide/57471.html

ISO. 2020. *ISO Guide 84:2020 Guidelines for addressing climate change in standards.* International Organization for Standardization. https://www.iso.org/standard/72496.html

PIEVC. 2020. Public Infrastructure Engineering Vulnerability Committee (PIEVC) Engineering Protocol. https://pievc.ca/protocol

UNESCO. 2018. *Climate Risk Informed Decision Analysis (CRIDA): Collaborative Water Resources Planning for an Uncertain Future.* United Nations Educational, Scientific and Cultural Organization and International Center for Integrated Water Resources Management. Paris: UNESCO Publishing. https:// unesdoc.unesco.org/ark:/48223/pf0000265895

WFEO. 2010. *2009–10 Progress Report on WFEO Action Pledge. Adaptation of Sustainable Civil Infrastructure to Climate Change Impacts.* World Federation of Engineering Organizations. https://www.wfeo.org/wp-content/uploads/stc-environment/NWP-WFEO_action_pledge_update_ april 2010_logo_FINAL.31144.pdf

WFEO. 2013. *WFEO Model Code of Practice for Sustainable Development and Environmental Stewardship – Interpretive Guide.* World Federation of Engineering Organizations. https:// www.wfeo.org/wp-content/uploads/code-of-practice/ WFEOModelCodePractice_SusDevEnvStewardship_ Interpretive_Guide_Publication_Draft_en_oct_2013.pdf

WFEO. 2019. *WFEO Declaration on Climate Emergency.* World Federation of Engineering Organizations. http://www.wfeo. org/wp-content/uploads/declarations/WFEO_Declaration_ on_Climate_Emergency_2019.pdf

WFEO-CEE. Newsletter 2009-2015. Committee on Engineering and the Environment, World Federation of Engineering Organizations. https://www.wfeo.org/wp-content/uploads/ stc-environment/ All_WFEO-CEE_Newsletters.pdf

Soichiro Yasukawa[①] 和 Sérgio Esperancinha[②]

3.4
工程：降低灾害风险的重要途径

① 任职于联合国教科文组织（UNESCO）地球科学和地质灾害风险减除处生态与地球科学工作组。
② 任职于联合国教科文组织（UNESCO）地球科学和地质灾害风险减除处生态与地球科学工作组。

摘 要

致力于减少灾害风险（DRR）的工程、科学和技术的进步提供了关于自然灾害机理的知识，包括自然灾害转化为灾难的过程。最终，只有这些科学知识才能提供解决方案来缓解基础设施和社会的脆弱性。本节总结了联合国教科文组织的干预领域以及本组织在其减灾行动中是如何利用工程技术的。

引言

从 2005 年到 2015 年，自然灾害在全球范围内造成了 1.4 万亿美元的损失，夺走了 70 万人的生命，受灾人数高达 17 亿（UNISDR and CRED, 2018）。随着气候变化的影响，自然灾害的发生频率和强度都在增加，与自然灾害相关的损失也在增长。例如，据估计，到 2050 年，城市地区遭受飓风袭击的人数将增加两倍，达到 6.8 亿人，可能遭受大地震危险的人数将为 8.7 亿人（World Bank, 2010）。

努力抵御灾害是联合国《2030 年可持续发展议程》的一部分，如果不减少灾害风险，该议程中的许多目标将无法实现（UNISDR, 2015）。致力于减少灾害风险的工程、科学和技术的进步提供了有关自然灾害机理的知识，包括自然灾害转化为灾难的过程。最终，只有这些科学知识才能提供解决方案来缓解基础设施和社会的脆弱性。

联合国教科文组织协助各国进行灾害和气候风险管理能力的建设，特别是在以下方面向会员国提供支持：i）预警系统；ii）安全的关键基础设施；iii）联合国教科文组织指定地点的风险预防；iv）利用科学、技术和创新，包括人工智能和大数据；v）建筑环境；vi）风险治理；vii）基于自然的解决方案；viii）灾后响应。在联合国教科文组织减灾行动干预措施的各个方面[1]，工程技术都扮演着至关重要的角色。以下提供了一些利用工程技术来减少灾害风险的实践示例。

预警系统

联合国教科文组织致力于抵御各种灾害，特别是海啸、地震、洪水、干旱和山体滑坡。

海啸预警系统基于地震仪和海平面测量站的观测网络而运行，这些网络将实时数据发送给国家和地区海啸预警中心（TWC）。海啸预警中心根据这些观测数据，便能够确认或取消海啸监视或预警。重要的是，处于风险状态的社区必须了解在濒临危险时需要采取的行动。联合国教科文组织是全球范围内海啸减灾行动的主要利益攸关方。减少海啸风险需要多种形式的工程，包括用于预测和实施疏散规划等解决方案的土壤工程、海岸工程和行为工程。目前已经建立了四个对应于太平洋、加勒比海、印度洋和地中海区域的政府间协调小组（ICG），以满足特定区域的需求[2]。

海地东北部的首府利伯特堡由于 1842 年 5 月 7 日发生了海啸，因此被列为未来海啸的可能风险地区。在联合国教科文组织的支持下，这里安装了警告标志并分发了备灾物资。该市现在已经建立了监测海啸的运行程序，并且已经对 50 个地方和国家联络点进行了警报接收和传播方面的培训。为加强这个国家的地震观测和海啸建模能力，各相关方付出了巨大努力。

---

[1] 若想了解更多关于联合国教科文组织减少灾害风险行动的信息，请访问：www.unesco.org/new/en/natural-sciences/special-themes/disaster-risk-reduction

[2] 若想了解更多有关海啸灾害应对小组工作的信息，请访问：www.ioc-tsunami.org

教育和学校安全

联合国教科文组织倡导一种称为"VISUS（目视检查以确定安全升级策略）"的多危害学校安全评估方法。该方法基于目视检查来评估对学校有潜在影响的相关危害，并采用可复制专家推理的预设算法做出判断。通过该方法，还可以对有利于有效地实施所需安全升级干预措施的可用资源进行评估。这种评估是以对先前受自然灾害破坏的受损建筑物应用结构工程为基础的。

"VISUS"法结合了决策者、技术人员和大学的强大能力建设要素，已在七个国家成功地进行了测试，如意大利（2010）、萨尔瓦多（2013）、老挝（2015）、印度尼西亚（2015—2018）、秘鲁（2016）、海地（2017）和莫桑比克（2017）总共对 500,000 多名学生和教职员工进行了安全性评估（UNESCO and Udine University, 2019）。

联合国教科文组织指定地点的减灾行动

文化遗产在一个国家的经济和社会发展中发挥着重要作用，是代表韧性和灾难后的恢复力的资产。

斯瓦扬布纳特（Swayambhu）山是加德满都河谷世界遗产的一部分，20 世纪 70 年代发生了多次山体滑坡事件。由于土壤体的蠕变，每 2—3 年山坡斯瓦扬布纳特就会发生泥石流、土崩和滑坡。这些事件威胁着斯瓦扬布纳特宗教建筑群的完整性，其中包括最古老的佛教纪念碑（佛塔）。联合国教科文组织利用土壤工程技术对土壤进行了地质研究，为设计工程边坡稳定解决方案提供了重要信息，并为该地区未来的基础设施发展提供了建议。

科学、技术和创新与韧性问题

科学、技术和工程有助于识别和解释风险，并提供相关的解决方案。

较高形式的技术包括人工智能，而较低的技术解决方案包括民间科学、参与性研究和当地原住民知识。联合国教科文组织收集的所有数据都是公开可用的。

根据《珍惜每一滴水：水行动议程》的统计数据，在 1990 年以来发生的 1,000 起最严重的灾害中，与水相关的灾害占 90%（UNDESA, 2018）。联合国教科文组织与成员国合作，提高抵御洪水和干旱等水文极端事件的能力，以及评估和监测雪和冰川变化的能力。雪和冰川的变化是独特的，是全球变暖和气候变化的关键指标。

联合国教科文组织开发了各种数据、工具、方法和知识共享系统的实例，以支持成员国努力提高其能力和韧性，这在第 3.2 节"助力可持续发展的水工程"中进行了介绍。例如，在这些倡议下，2019 年制作了拉丁美洲和加勒比干旱地图集，目前正在利用水利工程、河流工程、环境工程和土壤工程等技术开发非洲干旱地图集。

建筑环境

地震是最致命的自然灾害之一，80% 以上的人员伤亡是由建筑物倒塌造成的。

联合国教科文组织通过加强建筑法规和建筑控制政策，支持其成员国加强建筑物安全，更好地重建家园。联合国教科文组织还成立了国际减少地震灾害平台（IPRED）秘书处，该组织汇聚了来自 11 个地震多发国家积极开展地震学、地震工程和结构工程研究的国家研究所或大学卓越中心。该平台成员负责制定工程指南并解决政策相关问题（UNESCO, 2014; 2016）。

风险治理和社会韧性

在社区和决策层面的减灾行动规划和实施中，联合国教科文组织积极促进诸如以青年和女性为目标群体的民间社会组织的参与。

联合国教科文组织还支持成员国共同努力，鼓励青年和年轻专业人员通过科学、工程、技术和创新（SETI）工作为减灾行动做出贡献。本组织发起了一项名为从事科学、工程、技术和创新工作的年轻人和青年专业人员减少灾害风险（U-INSPIRE）的计划。在联合国教科文组织的支持下，来自阿富汗、印度、印度尼西亚、中亚（哈萨克斯坦、塔吉克斯坦和乌兹别克斯坦）、马来西亚、尼泊尔、巴基斯坦和菲律宾的参与 U-INSPIRE 计划的专业人员，2019年9月在雅加达参加了为期两天的论坛，他们同意正式启动亚太青年和年轻专业人员减少灾害风险和应对气候变化联盟。该论坛的成果将有助于开发展示最佳实践实例的工具包，为 U-INSPIRE 的青年和专业人员如何与区域、国家和全球减少灾害风险的活动和框架建立联系并为其做出贡献提供指导（UNESCO，2019）。

基于生态系统的减灾行动

联合国教科文组织还积极促进旨在基于生态系统和自然的解决方案与技术的实施，以减少灾害风险。

联合国教科文组织与国际专家密切合作，将这种方法纳入全球、国家和地方各级的发展规划主流。联合国教科文组织积极参与生物多样性和生态系统服务政府间科学—政策平台（IPBES），以及减少环境与灾害风险伙伴关系（PEDRR）正在进行的活动。

联合国教科文组织还积极参与 OPERANDUM

项目[①]，该项目旨在通过共同设计、共同开发、部署、测试和验证的、基于绿色以及蓝色/灰色/混合色的大自然的创新解决方案来减少水文气象风险。工程技术通过环境工程、河流和沿海工程以及土壤工程对提出潜在的解决方案起着至关重要的作用。

灾后响应

灾难发生后，联合国教科文组织将与联合国其他机构及国际伙伴一起，协助成员国在灾后响应中评估破坏程度和损失，并确定恢复和重建的需求。

联合国教科文组织建立了一个向地震灾区派遣工程师和地震学家的系统，以便进行地震后现场调查，并利用国际紧急事件和灾害应对和响应（IPRED）专业知识从灾难中吸取教训，减少未来的风险。对倒塌的建筑物进行工程分析，了解倒塌的原因，将调查结果用于创建更好的建筑规范和实践。联合国教科文组织已向伊朗的克曼沙（2017）、菲律宾的保和（2014）以及土耳其的凡城（2012）派遣代表团（UNESCO, n.d）。

建议

1. 利用工程和科学了解灾害风险，包括从脆弱性、能力、人员和资产的暴露、灾害特征和环境等各个方面。

2. 加强与工程师、其他技术学科、政策制定者、民间社会组织和私营部门等多方利益攸关者合作，以加强灾害风险治理和改善灾害风险管理。

3. 通过结构性和非结构性措施，在预防和减少灾害风险的工程活动中增加公共和私人投资，以增

---

① 若想了解关于 OPERANDUM 项目的更多信息，请访问：https://en.unesco.org/operandum

强抵御能力。

4. 利用工程技术加强备灾能力，以便有效应对灾害，并在恢复、复原和重建中建设得更好。

5. 随着自然灾害的影响变得愈发严重，尤其是影响到最脆弱的主体，特别是非洲国家、小岛屿发展中国家（SIDS），还影响到妇女和青年，应确保将工程技术视为确定预防性准备措施的重要工具。

参考文献

UNDESA. 2018. *Making Every Drop Count. An Agenda for Water Action. High Level Panel on Water.* United Nations, Department of Economic and Social Affairs. https://sustainabledevelopment. un.org/content/documents/17825HLPW_Outcome.pdf

UNESCO. n.d. IPRED Post-earthquake field investigation. www. unesco. org/new/en/natural-sciences/special-themes/disaster-risk- reduction/geohazard-risk-reduction/networking/ipred/post- earthquake-field-investigation

UNESCO. 2014. *Guidelines for earthquake resistant non-engineered construction.* Paris: UNESCO Publishing. https://unesdoc. unesco.org/ark:/48223/pf0000229059_eng

UNESCO. 2016. *Towards resilient non-engineered construction: guide for risk-informed policy making.* Paris, UNESCO Publishing. https://unesdoc.unesco.org/ark:/48223/pf0000246077

UNESCO. 2019. The U-INSPIRE Alliance Network. *News*, 24 September. https://en.unesco.org/news/youth-and-young-professionals- declare-regional-alliance-cooperation-science-engineering-0

UNESCO and Udine University 2019. *UNESCO guidelines for assessing learning facilities in the context of disaster risk reduction and climate change adaptation.* Volume 1-3: Introduction to learning facilities assessment and to the VISUS methodology. Paris: UNESCO Publishing.

Volume 1: https://unesdoc.unesco.org/ark:/48223/pf0000371185.locale=en

Volume 2: https://unesdoc.unesco.org/ark:/48223/pf0000371186?posInSet=2&queryId=3f2fa233-444b-4e87-a5c4-0277499c4be4

Volume 3: https://unesdoc.unesco.org/ark:/48223/pf0000371188?posInSet=1&queryId=3f2fa233-444b-4e87-a5c4-0277499c4be4

UNISDR. 2015. *Sendai Framework for Disaster Risk Reduction 2015–2030.* United Nations International Strategy for Disaster Reduction. Geneva: UNISDR.

UNISDR and CRED. 2018. *Economic losses, poverty & disaster 1998–2017.* United Nations Office for Disaster Risk Reduction and Centre for Research on the Epidemiology of Disasters. https:// www.unisdr.org/files/61119_credeconomiclosses.pdf

World Bank. 2010. *Natural hazards, UnNatural disasters: The economics of effective prevention.* Washington, DC: World Bank. https:// openknowledge.worldbank.org/handle/10986/2512

Jean–Eudes Moncomble[①]

3.5
开发可持续、有弹性的能源系统

Solar panel in Africa

---

① 法国能源理事会（世界能源理事会法国成员）秘书长；世界工程组织联合会能源委员会主席。

摘 要

能源是今天许多思考和辩论的核心。毫无疑问，它是地球上每个人向往的经济发展和社会进步的重要组成部分。无论是在生活方式、食品还是交通方面，能源都与我们社会和经济的转型有着密切的联系。它也是生产系统转型的核心，包括数字技术发展在内的现代化。能源涉及的问题很多，但一种共识似乎正在形成，即考虑到环境危机带来的严重后果（其中一些后果我们已经看到），应将其列为首要任务。①

能源与可持续发展目标

因此，世界面临的挑战是根据联合国可持续发展目标建设可持续性能源系统。可持续发展目标7（SDG 7）——可负担的清洁能源强调了两项重大挑战：i）从物质和经济上获得能源，全球有25亿至30亿人无法获得令人满意的烹饪方法，约有10亿人无法获得电力；ii）防止环境破坏，因为任何形式的能源的生产、运输和使用都会对地球及其居住者造成负面影响。然而，仅考虑可持续发展目标7也许并不能全面地进行分析。因此，似乎有必要考虑其他可持续发展目标，因为其中许多目标实际上非常依赖于能源系统发展方面的决策。一些体现能源与可持续发展目标之间联系的示例如下：

● 一些解决方案是基于使用生物来源的能源，无论是直接使用（用于烹饪或取暖的木材），还是间接使用（将生物质转化为燃料或可燃物）。在零饥饿问题上与可持续发展目标2有着明显的联系，因为可耕用地既可用于种植作物以获得食物，也可用作能源，二者之间存在一定的竞争关系，因此可

① 请登录 http://www.wfeo.org/wp-content/uploads/declarations/WFEO_Declaration_on_Climate_Emergency_2019.pdf，阅读"WFEO气候紧急状态宣言"。

能会导致矛盾的产生。

● 在有些国家，难以获得诸如木材或生活用水等基本资源。妇女和儿童通常负责这些杂务，并确保满足家庭需求。对于儿童来说，将时间花在这些杂务上，就会减少用在校园学习和活动上的时间，而妇女们的工作和其他活动也会因而受到影响。因此，能源与可持续发展目标和可持续发展目标5之间有着密切的关系。

● 水和能源紧密相关，并与可持续发展目标6清洁饮水和卫生设施具有相关性。几乎所有能源生产技术都需要用水。水力发电显然如此，但几乎基于任何一种技术的油气开采或发电也都要用到水。甚至必须用水清洗太阳能电池板以保持其效率。一些二次能源也需要用水。供热，包括通过电解反应产生氢气也是如此。然而，在用水之前和之后，也需要使用能源来生产水（例如水泵）、运输水和进行水处理。在一些必须应对缺水问题的国家，正在实施海水淡化技术，这项技术也需要消耗能源。

● 全球变暖的原因之一是化石燃料的使用。这凸显了能源与可持续发展目标13在气候行动之间的紧密关系。能源系统脱碳显然是能源公司面临的一项重大挑战。基本任务是促进脱碳能源（可再生和核能）的开发，或者发展新技术，使化石燃料的使用变得可以接受（例如碳捕获和储存）。但是，使能源系统适应气候变化的影响也是一项重大挑战，既影响着能源生产（通过在世界许多地方发生的用水压力）又影响着能源需求（通过开发某些用途，例如空调）。

● 还应提一下能源与可持续发展目标16和平、正义与强有力的机构之间的关系。应当认识到，世界上许多冲突源于对能源的获取。石油就是一个众所周知的示例，但并不是唯一的示例。也有间接影响的情况，比如大坝对某些特定河流流量进行控制，从而对邻国的电力生产或灌溉产生影响，进而引起

真正的"水资源紧张"。

可持续性能源系统

因此，我们可以看出，可持续性能源系统能够为世界经济的繁荣和地球的保护做出巨大贡献。能源解决方案是众所周知的，需要在生产所需能源方面做出明智的选择（IEA, 2020; WEC, 2016; IPCC, 2018a, b）。下面提供了一些示例。

● 可再生能源，包括水力发电受到人们的青睐。此类能源有许多种，它们分别具有不同的优点和缺点，但是没有任何一种是对环境没有影响的，只是有时候这些能源与其他形式的能源相比，对环境的影响不那么明显。虽然某些能源因其不稳定性（例如，风能或光伏能源）而难以大规模并网，但其他能源在稳定系统（水电）方面是有益的。大多数可再生能源占地面积很大，可能会引起当地的反对，但是它们都具有低碳的优势。

● 核能，与可再生能源一样，几乎是一种非碳能源。与水力发电相同，它能够产生大量的无碳电力，从而为应对气候变化做出巨大贡献。实际上，许多国际组织、政府、私营企业和专家都认为核能在应对气候变化方面起着关键作用（IPCC, 2018a），主要挑战是通过信息和讨论将其恢复到应有的地位。

● 化石能源（煤炭、石油和天然气）是二氧化碳排放的主要来源，但它们仍占全球能源结构的约81%。尽管试图迅速和彻底停止将化石燃料用作能源似乎是乌托邦式的，特别是在交通运输等领域或某些国家，但如果结合碳捕获和储能技术，这些做法将有助于实现预期目标。

在能源需求方面，对能源效率的探索也值得进行进一步的分析，以充分了解最有效的政策和措施。一些能源效率的潜力很容易开发而且成本较低，而其他能源效率则可能需要大量的投资和很长的回报时间，或者需要通过信息渠道和以教育的形式进行行为改变，而实现这些行为改变预计会花费时间。最后，新冠肺炎疫情引发了行为上的改变，这使人类社会在经济和就业方面付出了沉重的代价。如果系统有能力恢复到最初状态，那么观察这些改变的可持续性将是一个有趣的过程。国家之间在自然资源、地理、经济和社会发展水平、历史和文化方面都有所不同，所以优先事项和政策选择会因国家而异。因此，每个国家通往可持续性能源系统的道路都是独一无二的。

能源和弹性

新冠肺炎疫情并未减少应对气候变化的紧迫性，也没有降低经济现代化的重要性。弹性能源系统的重要性，这种弹性需要突出强调（WEC, 2020）。

能源系统的弹性如下：

● 对健康风险的弹性，不仅指新冠肺炎，还包括可能给社会产生更大影响的其他健康风险。

● 对稀有金属、水资源、土地或技能等能源生产要素投入短乏的弹性。

● 对洪水、干旱、地震或海啸等自然灾害的弹性。

● 对通常与经济现代化相关的新风险（如网络攻击或系统性风险）的弹性。

因此，工程师的工作最终将定位于可持续性和弹性之间。在与当前历史性经济危机相关的预算紧张的特殊情况下，工程师的作用至关重要。面对众多创新以及已知的和可操作的解决方案，工程师们远离任何梦想、意识形态或趋势，而采用合理而严谨的方法来选择有助于发展可持续和弹性能源系统的技术。

工程师的贡献将基于四个规则：

1. 采用系统性的方法。仅考虑技术投入链条中的一个环节会由于无法理解其他环节而导致错误。举例来说，可以通过考虑二次能源（如电能、氢能或热能）来很容易地说明这一点，二次能源的使用几乎没有污染，但能源链或设备的生产方式可以显著改变系统的质量。

2. 优先发展成熟技术。技术的时间可用性是众所周知的，可以通过技术成熟度（technology readiness level）量表等工具进行评估。但是，一项技术的成熟度必须与气候紧迫性联系起来（IPCC, 2018a）。许多研究（主要是 IPCC 的研究）提出一条明确信息：我们必须立即采取行动，在 2030 年之前控制温室气体排放。应对气候紧急状态，我们必须在工业环境中采用成熟的技术，并具备必要的技能。将开发不太成熟的技术来巩固或扩大初步成果。

3. 鼓励做出重大贡献。有必要询问候选技术对实现既定目标的实际贡献程度。这种潜在的贡献是选择的关键决定因素，必须从以下各个方面加以考虑：一项对全球能源结构做出重大贡献的技术，技术的适应性或技术转让的便捷性是需要考虑的两个标准。必须权衡技术开发所需的资源，无论是在研发、部署工作、物质或人力投资，还是在动员公共援助方面，这些资源都是有限的。

4. 提倡简单的经济标准：每吨二氧化碳减排成本。由新冠肺炎引起的经济和社会危机已使每个人都付出了代价：政府、地方当局、企业和家庭都遭受了经济上的损失。为了在有限的预算框架内做出正确的权衡，有必要制定一个最能代表经济效率的简单而稳健的标准。比较各种技术对应的、以系统性方法计算出每吨二氧化碳的减排成本（或其他温室气体的二氧化碳当量），可以帮助指导选择更有效的技术来应对气候变化。但是，在当前危机时期，必须将经济效率（这只是其他标准之一）作为一项要求。

建议

1. 为了帮助实现可持续发展目标，发展可持续和有韧性的能源系统至关重要。反馈必须基于严格的事实，并且没有偏见。为了实现这些目标，所有能源选择都是开放的，具体取决于每个国家的情况。

2. 工程师可以通过采用系统的方法，提出成熟的、即时可用的、在应对气候变化方面发挥重要作用的技术，从而在提供选择信息方面发挥作用。

3. 在当前新冠肺炎疫情的背景下，重要的是使用简单透明的经济标准，例如每吨二氧化碳的减排成本。

参考文献

IEA. 2020. *World Energy Outlook 2020*. Paris: International Energy Agency. https://www.iea.org/reports/world-energy-outlook-2020

IPCC. 2018a. *Global Warming of 1.5°C. An IPCC Special Report on the impacts of global warming of 1.5°C above pre-industrial levels and related global greenhouse gas emission pathways, in the context of strengthening the global response to the threat of climate change, sustainable development, and efforts to eradicate poverty.* Masson-Delmotte, V., Zhai, P. Pörtner, H-O., Roberts, D. *et al.* (eds). https://www.ipcc.ch/sr15

IPCC. 2018b. Summary for Policymakers. *Global Warming of 1.5°C. An IPCC Special Report on the impacts of global warming of 1.5°C above pre-industrial levels and related global greenhouse gas emission pathways, in the context of strengthening the global response to the threat of climate change, sustainable development, and efforts to eradicate poverty.* Masson- Delmotte, V., Zhai, P., Pörtner, H-O., Roberts, D. *et al.* (eds). https://www.ipcc.ch/sr15/chapter/spm

WEC. 2016. *World Energy Scenarios 2016: The Grand Transition*. London: World Energy Council. https://www.worldenergy.org/publications/entry/world-energy-scenarios-2016-the-grand-transition

WEC. 2020. World Energy Transition Radar. World Energy Council. https://www.worldenergy.org/transition-toolkit/world-energy-scenarios/covid19-crisis-scenarios/world-energy-transition-radar

Jürgen Kretschmann[①]

3.6
面向未来的
矿业工程

©THGA/Volker Wiciok

3

摘 要

矿业可以为实现 17 项可持续发展目标做出积极贡献，但首先，采矿业必须进行自我改造。在过去的 30 年中，学术界、工业界和政府部门都制定了许多愿景、目标、方法、技术、流程和其他措施，旨在提高采矿活动的可持续性。但是，考虑到未来矿业工程师将面临的全球性挑战，有必要朝着更好的且可持续的矿业工程迈进一大步。

引言

在公平的市场条件下，充足的原材料供应对于可持续的社会经济发展至关重要，因为它连接了几乎所有的商业价值链（SOMP，2019）。全球采矿业已经发展了两个多世纪，今天它比以往任何时候都更加重要。1985 年至 2018 年期间，世界人口增加了 54.43%，从 49 亿人增至 75 亿人，而世界采矿产量已从 1985 年的 99 亿吨增加到 2018 年的 177 亿吨，增长了 84.5%（Reichl and Schatz，2020）。此外，世界迅速增长的 78 亿人口要求达到更高的生活水平，再加上全球范围内城市化的趋势，有可能导致未来采矿活动的增加。尽管目前已经对回收过程进行了必要的优化（"城市采矿"），但为了建立更可持续的世界，对某些原材料的需求仍将强劲，例如用于可再生能源生产的铜和稀土元素，或者用于电池生产的镍、锰、锂和钴等。

然而，矿业公司，特别是矿业工程师，正面临着如下巨大挑战（Drebenstedt，2019）：

- 更深、更陡峭或非常规的矿床（易于获取的矿床正在减少）和地质技术方面的挑战。
- 矿石品位和质量降低，同时采矿废料增加。
- 矿区位置偏僻，基础设施的建设面临挑战。
- 极端的采矿条件。
- 一系列社会和环境方面的挑战。

- 人力资源短缺和技能不足。
- 社区对采矿项目的不良反应和冲突。
- 矿区位置偏僻，基础设施的建设面临挑战。
- 极端的采矿条件。
- 一系列社会和环境方面的挑战。
- 人力资源短缺和技能不足。
- 社区对采矿项目的不良反应和冲突。

在全球范围内，矿产行业正经历着不断上涨的成本和日益艰难的条件。由于许多内部和外部因素不断地对采矿公司、工程师及其运营部门施加压力，因此，对矿产的需求不再仅仅是渐进式变化。未来的采矿业必须采用能够满足可持续性采矿系统和技术要求、代表着矿物开采和加工技术实现巨大突破的新方法（SOMP，2019）。

矿业工程的技术改善势不可挡

在过去的几个世纪中，采矿业已从小规模的手工开采业（采矿 1.0）发展成为数字化的高科技产业（采矿 4.0）。当然，这一发展得益于技术创新。采矿业的这种渐进式变化及其持续性改进将会不断继续下去。新技术、矿体或矿床特性的差异和变化、市场力量以及社会许可，包括公众认可度、政府的批准和相关标准的合规等问题，以及安全绩效和期望值的自我提升都是需要考虑的方面。基于大数据的数字式创新型系统（采矿 4.0）的应用也将会大大提高矿业工程的可能性。

因此，必须对计划中的采矿项目的运营和财务有效性进行地质和经济评估。此外，必须充分定义、评价和评估风险管理，以确保在计划和管理整个采矿周期（从矿床勘探到矿场设计、矿物开采，再到矿场关闭后的后续采矿后活动）的过程中执行安全和环境友好的采矿作业（Kretschmann，2020）。此外，还必须考虑包括能源和材料资源优化的绩效以及实时采矿（即智能采矿）的运营效率（Litvinenko，2019）。因此，矿业工程得以改善的关键特征包括以下内容：

- 极高的健康和安全标准。

- 对景观和环境的影响有限。

- 低比例的二氧化碳排放量。

- 矿石中有用成分的高回收率。

- 最大限度地利用远程控制技术，以使工作人员与开采区保持一定距离。

- 存放废石而不移出地面。

- 资源效率高，竞争力增强。

高科技采矿业需要采用整体解决方案来应对挑战，以完成从勘探到设计、再到开采和开采后活动的整个采矿周期的管理。此外，安全性、环境影响、排放量、回收率、远程作业、效率和竞争力等方面的改善都是必不可少的。

可持续采矿需要可行的商业模式

de Mesquita 等人（2017）在其系统文献综述中描述了有关采矿、可持续性和可持续发展的学术研究现状。他们发现有 3,230 位作者在 491 种不同期刊上发表了 1,157 篇文章，这些作者与 93 个国家的 1,334 个机构有联系。因此，毫无疑问，有足够的知识可用于可持续性采矿实践。Parra、Lewis 和 Ali 在其《采矿、材料与可持续发展目标（SDG）：2030 年及以后》（Parra, Lewis and Ali, 2021）一书中，描述了他们对矿业工程师和公司如何为实现所有 17 项可持续发展目标和《2030 年可持续发展议程》做出贡献的愿景。此外，他们还列举了不少于 18 项国际采矿业可持续发展倡议。因此，所有活跃的国际采矿企业在确立企业愿景时，都将可持续性作为其采矿活动的主要目标。尽管如此，根据 Parra、Lewis 和 Ali 的观察，

目前还没有自上而下的框架来评估此类学术或企业贡献的累积效应是否能够以一种有意义的方式促进可持续发展目标的实现。

当前尚无任何标准化的方法来衡量一项活动的影响，以确定这些重大贡献是否能够以及如何能够以可衡量且有意义的方式使相关方面达到显著改善，从而促进全球实现"2030 年议程"。而且，应该确定谁来评估一项活动的质量和有效性。采矿公司是否可以确定其对一项特定目标或子目标的"责任"？以这种收入、利润、开采量或其他指标的测定为依据是否可行？

最后但同样重要的是，由谁来评定一个采矿项目是否对可持续发展目标做出了积极贡献？这一评定的后果是什么？目前，有关采矿项目的决策主要由利益攸关者以自下而上的方式做出。实现大规模采矿项目所需的必要投资动辄达到数十亿美元（Litvinenko，2019）。迄今为止，随着 ESG（环境、社会和公司治理）投资在全球范围内的兴起，我们看到一种强劲的趋势正在影响着采矿业。这是基于下面的想法提出的，即除了对传统财务指标进行分析外，再对潜在投资的环境、社会和公司治理因素的分析结合起来考虑，可能有助于提高回报。

建议矿业公司通过实施有利于可持续发展的业务模式来重组或重新定位其业务，从而确保其对潜在投资者的吸引力。此外，安永会计师事务所（Ernst and Young, 2018）进行的一项工业调查得出的结论是，采矿业面临的最大风险是其"社会经营许可证"的丧失。这描述了采矿业与其本地或区域利益攸关者之间不断演进的关系，包括程序和分配公平、信任和接受度的概念（Laurence, 2020）。

由于受牵制于地区活动家和国际投资者之间，所以采矿业必须发展可持续的战略业务模式，以平衡关键利益攸关者之间的竞争利益和互补利益。一

般而言，人们都认为没有采矿业的世界是不可能的，但如果一个特定的项目位于他们的社区内，尤其是如果原材料的加工和使用发生在国外，而采矿废石、污染有时甚至是环境灾难却留在自己的家园，又将会怎样呢？《2020年全球采矿调查报告》显示，75%的受访者认为采矿业需要采用更全面的措施来重新定义成功，这些措施应考虑到所有相关利益攸关者的价值观（KPMG, 2020）。因此，必须使用可持续的采矿业务模式，并且需要有一个能胜任的强大的采矿管理机构来从各级政府层面进行管控。

专注于教育和研发

在2030年及以后的时间里，矿业工程的主要目标应该是培养和培育研发文化，其中还包括为那些能够在行业中实施新技术的高素质工程师提供新的工作机会。此外，现在和将来的矿业工程师必须致力于提高和/或学会采用其他学科的科学知识、技术创新和新兴技术。而且，他们应该能够增强业务能力并不断成长，在快速变化的技术环境中确保矿产行业的可持续性，并建立有效且具有吸引力的战略合作伙伴关系。为此，未来的矿业工程师需要具备以下特征（SOMP, 2019）：

● 高质量的技术技能。

● 理解并能够使用、优化和适应快速变化的创新技术，尤其是数字技术。

● 具有高数据素养，能够处理大型数据集，以实现有效的管理和控制系统。

● 具有规划和运营更能被社会接受的地面足迹和环境影响的矿山的能力。

● 通过更全面和系统的规划和运营方法，了解采矿运营的整个价值链。

● 能够采用基于风险的方法进行规划、决策和管理。

● 具有全球或国际视野，同时能够在本地环境中工作并且对本地限制条件有清晰的了解。

● 在多学科团队中工作和领导的能力。

矿业工程学校的作用是通过课程改革和教育经验培养未来的矿业工程师。这就需要采矿业与技术专家之间开展合作，以加快创新和商业化进程，从而为矿产行业创造附加值。这可以通过制定领先的研究计划和倡导培养具有最高道德标准和诚信的矿业工程师来实现（SOMP, 2019），进而确保实现可持续发展目标。因此，需要评估当前世界各地的采矿课程，以确定它们是否以及如何具备这些属性，以便在必要时进行改进。

建议

基于可持续矿业工程的最新方法，针对全球可持续矿业提出三项初步行动：

1. 目前已开发出各种适用技术，相应国家的政府机构、工程教育者、行业和专业工程机构应有权最终使用这些技术来实现更具可持续性的采矿业（UNDP and UN Environment, 2018）。

2. 由联合国教科文组织领导的工作组的实施可为适用于采矿企业（从手工、技术含量低、非正式的小公司到大型跨国企业）的可持续性业务模式提供建议。应与来自采矿国家、行业、金融投资者、非政府组织和专业矿业工程机构的政府代表讨论这些模式，以制定所需的框架并应用考虑可持续发展目标的衡量方法。

3. 政府和高等教育机构应采取行动，改进采矿教育并提高采矿行业终身学习的可能性。应建立专门的研究教育中心（Litvinenko, 2019），以在全球范围内促进可持续的采矿实践，并鼓励更多的年轻人特别是女性考虑从事矿业工程领域的职业。这可以解决近年工程师人数短缺的问题，确保思想的多样性和包容性参与，这对实现所有可持续发展目标至关重要。

参考文献

de Mesquita, R.F. Xavier, A., Klein, B. and Matos, F.R.N. 2017. Mining and the Sustainable Development Goals: A systematic literature review. *Proceedings of the 8th International Conference on Sustainable Development in the Minerals Industry*, 6. https://ojs.library.dal.ca/greebookseries/issue/view/695

Drebenstedt, C. 2019. Responsible mining approach for sustainable development – research concept and solutions. *Journalof Engineering sciences and Innovation*, Vol. 4, No. 2/2019, pp. 197–218.

EY. 2020. Top 10 business risks facing mining and metals in 2019-20. https://www.ey.com/en_gl/mining-metals

KPMG. 2020. *Risks and opportunities for mining. Global Outlook 2020.* Australia: KPMG. https://assets.kpmg/content/dam/kpmg/xx/pdf/2020/02/risks-and-opportunities-for-mining.pdf

Kretschmann, J. 2020. Sustainable change of coal-mining regions. *Mining, Metallurgy & Exploration.* Vol. 37, No. 1, pp. 167-178.

Laurence, D. 2020. The devolution of the social licence to operate in the Australian mining industry. *The Extractive Industries and Society*. https://doi.org/10.1016/j.exis.2020.05.021

Litvinenko, V.S. 2019. Digital economy as a factor in the technological development of the mineral sector. *Natural Resources Research.* Vol. 29, pp. 1521-1541.

Parra, C., Lewis, B. and Ali, S.H. (eds). 2021. *Mining, Materials, and the Sustainable Development Goals (SDGs). 2030 and Beyond.* Boca Raton and Abingdon: CRC Press.

Reichl, C. and Schatz, M. 2020. *World Mining Data 2020.* Vienna: Federal Ministry of Agriculture, Regions and Tourism Republic of Austria.

SOMP. 2019. Mines of the Future, Version 1.0 (Major Findings). Society of Mining Professors/Societät der Bergbaukunde. https:// miningprofs.org

UNDP and UN Environment. 2018. *Managing mining for sustainable development: A sourcebook.* Bangkok: United Nations Development Programme.

Sudeendra Koushik[①]

3.7
工程与大数据

wavebreakmedia/Shutterstock.com

① 世界工程组织联合会（WFEO）信息和通信委员会委员，印度。

摘 要

来自多个数据源的大量异构数据以指数方式增长，这使得制定策略、开发流程和算法以有效地分析大数据集成为当务之急。这为各个领域的研究人员、工程师和企业家提供了新的机会，这表明，主要用于处理结构化数据的传统数据库和工具已经无法满足当前需求。数据的战略观点因此而发生了根本性的变化，从而促进了大数据的发展（表1）。对采集到的数据加以利用是大数据技术的本质，大数据技术在提高工程实践的效率、安全性、韧性和生态友好性方面显示出巨大的潜力，因此可使工程学发展成为一种新型数据驱动的范式。

大数据系统融合了多种不断发展的技术和技能，其中包括域知识、数据分析、统计知识和高级数据可视化技能。这种生态系统与作为大数据范式先驱的数据仓库、商业智能和结构化查询语言（SQL）的早期概念截然不同（Mohanty et al., 2013）。

YouTube每年生成约100 PB的新数据（Stephenson, 2018），每分钟产生约72小时的视频（Chen et al., 2014）。Facebook每月产生10 PB以上的日志数据。淘宝等电子商务平台每年产生数十太字节的在线交易数据，而且，来自互联网的数据表明，2020年这种数据的产生量将增加到每年约2ZB（Stephenson, 2018）。生成多种格式数据的来源有很多，包括嵌入在各种设备 [从手机到物联网（IoT）整体范式下的工业机器] 中的传感器以及通过各种云计算技术进行计算（McKinsey, 2011）（图1）。

表 1 数据的战略视角：模拟时代与数字时代

模拟时代	数字时代
数据生成成本很高	数据通过大量来源不断生成
数据存储和管理面临挑战	将数据转化为有价值的信息所面临的挑战
只能使用标准数据进行分析	非结构化数据变得越来越有用且有价值
在功能孤岛中管理数据	整个功能孤岛范围内的数据采集、存储和处理的价值
数据是一种优化流程的工具	数据是创造价值的关键有形资产

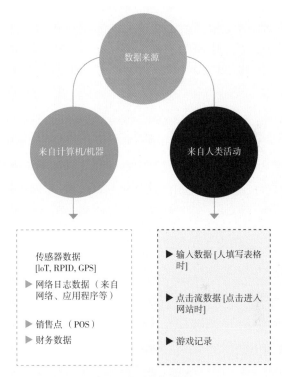

图 1 常见数据来源

大数据作为一项技术可以促进决策的制定，以多种创新的方式跨越不同的领域，如从商业到生物医学和工程学，并且可进行与数据大小无关的预测和分析。例如，科学家有效地利用大数据技术收集和分析大量数据，从而于2012年在CERN研究设施上发现希格斯玻色子（Stephenson, 2018）。

大数据必不可少

大数据被定义为"量大、高速和/或多样化的信息资产，需要经济高效和创新形式的信息处理，以用于提升洞察力、决策和流程自动化"（UN, 2012）：

● 量大：由于多个来源生成大量数据，所以其规模非常大。

● 高速：需要快速收集和进行数据分析以实现程序价值的最大化。

● 多样化：表示涉及多种数据，包括结构化、半结构化（XML，EDI 等）和非结构化（视频、网页、文本等）数据。

除此之外，大数据通常还具有其他两个特征，即"准确"和"有价值"。准确性是指来自多个来源的信息的质量，"有价值"是指可用数据的重要性和相关性及其对数据分析的适应性（Kambatla et al., 2014; Diebold, 2012）（图 2）。可以推测，"大数据所涉及的不是数据的大，而是涉及大数据集的搜索、汇总和交叉引用的能力"（Boyd and Crawford, 2012）。

随着涉及大数据的框架和体系结构的标准化，安全和隐私问题成了一个始终令人关注的问题。为此，美国国家标准与技术研究院（NIST）成立了大数据公共工作组（NBD-PWG），专门解决与大数据有关的重要基础概念[①]，而且许多工程组织，如世界工程组织联合会等也呼吁在工程实践中执行对大数据负责任的行为[②]。

图 2 大数据的特征

大数据分析

大数据生态系统的价值创造仍然是其进一步发展的主要动力，这表明在从大数据的收集到处理，再到可视化的整个过程中需要厉行节约（图 3）。

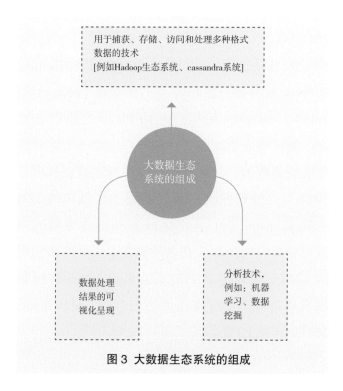

图 3 大数据生态系统的组成

---

① 美国国家标准技术研究所（NIST）官网：www.nist.gov

② 若想了解 WFEO 关于大数据和人工智能原理的更多信息，请访问：http://www.wfeo.org/big-data-and-ai-principles-in-engineering/

随着 Google 等搜索引擎使用率的提高，对快速搜索大型数据库和数据源以将数据实时提供给用户的需求日益增长。为此，人们已经开发了各种算法，同时 Google 开发了一个软件框架（Hadoop），该框架是许多其他此类系统的先驱。

可以按照以下大数据生成、数据处理和数据输出等功能要素将各种已有的和正在开发中的各种工具进行归类（Oussous et al., 2018）：

● 数据集成，用于数据上传和系统集成。

● 分布式存储，如直接附加存储（DAS）、网络附加存储（NAS）和存储区域网络（SAN）。

● 集中管理，以囊括诊断、监视和企业方案。

● 数据分析，包括机器学习工具。

● 安全和隐私访问控制，特别是在有多个专有数据源的情况下。

人工智能和机器学习（ML）技术大大受益于这些进步，因为现在可以使用大量数据来促进机器学习，如深度学习和人工神经网络。大数据范式工具进一步使计算机能够达到超级计算机先前预期的性能水平（Stephenson, 2018）。反过来，人工智能技术丰富了大数据分析，尤其是在处理非结构化数据方面。大数据系统的一个关键要素是数据库，这些数据库是为处理非 SQL 数据访问而设计的，属于 NoSQL 的范畴，在"特征和设计原则"方面是唯一的（Mohanty et al., 2013）。必须以轻松、有效的方式进行数据分析结果的可视化，同时要求在整个大数据价值链上实现革新和创新（图 4）。

图 4 大数据价值链

大数据应用

大数据在医疗保健、公共部门管理、零售和制造以及个人定位方面的变革潜力已被人们广泛接受（McKinsey, 2011）。当前，大数据应用程序主要用于商业领域，但是随着其他领域也意识到这项技术所带来的巨大价值，当前状况正在迅速发生改变。例如，世界各国政府，特别是发展中国家政府，正在利用大数据分析来识别和应对挑战以及制定有效的计划。人们已经注意到，大数据具有"跟踪发展进度，改善社会保障和了解现有政策和计划哪里需要调整"的潜力[①]。

在意识到大数据驱动的发展的重要性之后，联合国统计委员会于 2014 年成立了联合国全球大数据

---

① 参见 Gartner 词汇表中的定义：https://www.gartner.com/en/information-technology/glossary/big-data

工作组，负责进行官方统计，其中包括《2030 年可持续发展议程》的可持续发展目标指标的汇编[①]。下面列出了一些大数据正在创造巨大价值的领域：

● 大数据分析在制造业中具有极其重要的价值，它可以集成来自各个部门的数据以促进同步工程的开展，从而提高质量和生产效率（McKinsey, 2011）。

● 大数据在基础设施设计中应用广泛，可带来最佳结果和成本效益。

● 通过提高物流活动的可视性和利用用户反馈，大大增强了供应链管理，这是经常被引用的大数据技术应用示例。

● 在零售行业，大数据可通过管理公众认知、品牌管理、客户响应、分析购买趋势和重点产品创新来提高消费者满意度。

医疗业也在利用从患者那里获得的数据来实现最佳护理，包括诊断测试和医疗剂量的管理。由于用于疾病治疗的基因测序需要处理大量数据，因此该领域也依赖于大数据技术。在持续的新冠肺炎疫情期间，大数据技术被广泛用于识别病例和规划感染患者的治疗。

● 在教育领域，大数据可有效地评估教师和学生的绩效，以及衡量教学成果和其他变量。

● 在能源领域，智能仪表读数器使人们能够经常性地收集数据，然后将其用于分析能源消耗模式，从而实现公用事业的最佳部署和使用。

虽然已经确定大数据将成为未来高效和可持续发展的基础，但是人们仍面临着专业劳动力、计算能力和已部署资源的可用性方面的挑战（Espinosa, 2019）。下面列出了大数据分析方面的一些主要挑战（Ekbia et al., 2015; Chen and Zhang, 2014; Jagdish et al. 2014）。

● 跨多个平台提取数据并进行集成。

● 实时处理大量数据。

● 预测和预测模型的创建，以及为此目的创建合适的算法。

● 制定适当的流程来确保基于大数据分析的决策。

● 确保大数据分析功能足够强大，可识别所用大数据集中的潜在异常。数据管理技术的可用性是确保安全和实时数据的收集和更新以及保证数据安全性的关键。

● 以令人信服的方式进行数据的可视化，尤其要牢记结构化、非结构化和混合数据使用的异质性。

大数据的未来

数据和分析的融合正在迅速发展，并且可以预见，这需要更广泛的协作和交流，以进一步利用这种融合。

人们在不断地开发新的技术和算法来分析来自多个来源的大型异构数据，但是，对分析结果进行验证仍然是一个主要问题（Kambatla et al., 2014）。需要新的系统和软件架构来处理生成的大量数据并提供处理结果以进行分析（Espinosa et al., 2019），这需要特殊的技能组合、超高级的创新、设计的敏捷性，同时需要一个治理和安全框架来管理这个不断发展的生态系统。迅速发展的区块链技术将成为大数据分析的推动力。

对于工程师而言，未来大数据分析的结果将在各个领域特别相关，例如预测性和预防性维护以及产品和结构设计等，从而在可持续发展的环境中实现更有效的项目管理和成本效益。

[①] 若想了解更多关于联合国全球大数据工作组的信息，请访问：https://unstats.un.org/bigdata/。

建议

1. 为了利用大数据在各种工程应用中提供的好处，工程师需要增强其在数据技术领域的能力。

2. 政府和数据所有者需要以道德的方式使数据可查找、可访问、可互操作和可复用。

3. 需要基于全球共识来制定规则和标准，以实现有效的数据共享和数据交换。

4. 数据的安全性和隐私性越来越重要，应成为大数据范式所有阶段设计过程的一部分。

5. 需要遵循《通用数据保护条例》（GDPR）的监管框架，以在利用数据的同时保护隐私和基本权利，这能够促进实现无边界协作。

6. 商业实体和监管机构需要重新审视关于数据资本价值的标准和协议，以鼓励、激励或惩罚数据生成，并防止为实现不正当目的的数据滥用。

参考文献

Boyd, D. and Crawford K. 2012. Critical questions for big data. *Information, Communication & Society,* Vol. 15, No. 5, pp. 662–679.

Chen, C.P. and Zhang, C-Y. 2014. Data intensive applications, challenges, techniques and technologies: A survey on Big Data. *Information Sciences,* Vol. 275, pp. 324–347.

Chen, M., Mao, S. and Liu Y. 2014. Big Data: A survey, *Mobile Network Applications*, Vol.19, pp. 171-209.

Diebold, F.X. 2012. On the Origin(s) and Development of the Term 'Big Data'. 2012. *PIER Working Paper No. 12-037,* http://dx.doi.org/10.2139/ssrn.2152421

Ekbia, H., Mattioli, M., Kouper, I., *et al.* 2015. Big data, bigger dilemmas: A critical review. *Journal of the Association for Information Science and Technology,* Vol. 66, No. 8, pp. 1523–1545.

Jagdish, H.V. et al. 2014. Big data and its technical challenges. *Communication of the ACM,* Vol. 57, No.7. pp. 86–94.

Kambatla, K., Kollias, G., Kumar, V. and Grama, A. 2014. Trends in big data analytics. *Journal of Parallel Distributed Computing,* Vol. 74, No. 7, pp. 2561–2573.

McKinsey. 2011. Big Data: The next frontier for innovation, competition and productivity. McKinsey Global Institute Report.

Mohanty, S., Jagadeesh M. and Srivasta, H. 2013. *Big Data Imperatives.*New York: Apress.

Oussous, A. Benjelloun, F-Z., Lahcen, A.A. and Belfikih, S. 2018. Big Data technologies: A survey. *Journal of King Saud University – Computer and Information Sciences.* Vol. 30, pp. 431–448.

Stephenson, D. 2018. *Big Data Demystified.* Harlow, UK: Pearson.

UN. 2012. Big Data for Development: Challenges and Opportunities.White Paper. UN Global Pulse. http://unglobalpulse.org

龚 克[①]、李 畔[②]、刘 轩[③]、
Paolo Rocca[④] 和吴建平[⑤]

3.8
工程和人工智能

① 世界工程组织联合会（WFEO）主席和中国新一代人工智能发展战略研究院（CINGAI）院长。

② WFEO-CEIT（创新技术工程常设技术委员会）大数据和 AI 工作组成员。

③ WFEO-CEIT 与微软大数据与人工智能工作组成员。

④ 特兰托大学教授和世界工程组织联合会创新技术委员会与微软大数据与人工智能工作组成员。

⑤ 清华大学教授。

摘 要

人工智能在第四次工业革命中发挥着核心作用，并影响着经济和社会发展的各个方面，从先进的制造业、能源供应、交通运输、医疗保健、教育和农业到各种商业、社会服务和家庭功能。作为一种强大的通用技术形式，人工智能可以为实现可持续发展目标提供工程支持，但它也可能在隐私和安全性方面带来一些负面影响。因此，工程师有责任确保人工智能应用程序对所有人和环境都有利。

人工智能（AI）是机器和系统获取和应用知识以及执行智能行为的能力（OECD, 2016; UNCTAD, 2017）。人工智能对社会、经济和环境产生广泛影响，是第四次工业革命的主要推动力（Schwab, 2017）。麦肯锡（McKinsey）的一项调查数据表明，采用人工智能可以使全球 GDP 增长 13 万亿美元，到 2030 年将使全球 GDP 增长 16%（McKinsey, 2018）。

经过半个多世纪的发展，人工智能在深度学习算法和大数据的驱动下，现在已进入工程应用阶段。它赋予并改变了工程的方方面面。人工智能在提高各种工程项目的生产力、质量、安全性和效率方面具有不可思议的潜力。此外，它为加速实现 17 项可持续发展目标（SDGs）提供了巨大的希望和潜力，不过它也可能会产生负面影响，如图 1 所示（Vinuesa et al., 2020）。

尽管人工智能的进步是显著的，但它并不完美。需要进行深入的研究和开发以及利益攸关者的广泛参与，以确保人类价值观渗透到人工智能中，并促进可持续发展（UNESCO, 2019），造福人类和环境（Hawking, 2017）。

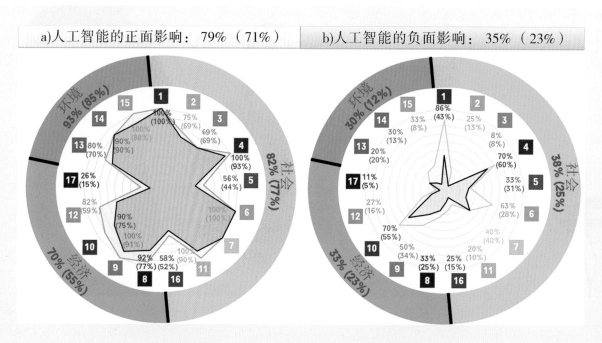

图 1 人工智能对各个可持续发展目标的正面和负面影响汇总

关于人工智能潜在作用的有文件记录的证据：每个可持续发展目标的 a) 促成因素；或 b) 阻碍因素。彩色方块内的每个数字代表一个可持续发展目标。顶部的百分比表示所有可能受到人工智能影响的目标的比例，图中内环的百分比对应每个可持续发展目标中的比例。图中外圆还显示了"社会""经济"和"环境"三个主要群体对应的结果。在考虑到证据的类型时得到的结果以内部阴影区域和括号中的值显示。

人工智能助力工程促进可持续发展

人工智能正在渗透、赋予和改变所有工程领域。它可促进工程创新，以更智能、更自动化的方式提高生产力、提高效率并降低成本，从而优化工作流程和工艺。同时，它有助于改善工人的工作条件，将工人从危险和重复的工作中解脱出来，并创造新的工作机会。人工智能可帮助人们理解和利用数据的爆炸性增长，并帮助人们解决一系列具有挑战性的现实问题。下面的一些示例说明了人工智能如何促进可持续发展目标的实现。

医疗保健

如第 3.1 节中所述，人工智能在健康方面有巨大潜力。从诊断和治疗中的临床应用，到生物医学研究和药物发现，再到"后台"和管理，似乎医疗保健的提供和管理的各个方面都可以应用人工智能。潜在的应用程序数量每天都在增长。随着医疗保健系统面临着长期、重大的挑战，包括快速老龄化和患有多种慢性病的人群，劳动力供应和技能的差距，不断增长的医疗保健支出（其中一部分被浪费，甚至是有害的），以及诸如新冠肺炎等新威胁的出现，意味着人工智能在未来几年甚至几周内将发挥巨大的作用。尤其在解决潜在的护理差异、减少可避免的医疗错误、健康和医疗保健方面的不平等以及最大程度地避免低效和浪费方面，人工智能具有很大的潜力。人工智能不仅可以在日常运营的情况下带来巨大好处，而且还可以在发生紧急事件的情况下提供更强的韧性和应急准备，使卫生系统和社会更有能力应对像新冠肺炎这样的疾病暴发（OECD，2020）。

农业

粮食供应对人类生活至关重要。但是，预计到 2050 年，世界人口将达到 100 亿，气候变化导致的环境退化将使当前的农业系统承受越来越大的压力。通过现场传感器网络、卫星和无人机将人工智能与农业大数据收集起来，已帮助人们应对了紧迫的挑战。人工智能可实时分析全球和本地范围的数据，从而提取有关作物生长、土壤特性和天气状况的有用信息，以支持农民做出正确的决策。人工智能使农业从农业服务的大规模定制转变为精准农业或数字农业。例如，人工智能通过正确使用化肥和杀虫剂，以及谨慎使用自然资源和采取节水措施来支持提高生产效率（di Vaio et al., 2020; Sheikh et al., 2020; Patrício and Reider, 2020; Viani et al., 2017; Paucar et al., 2015）。

值得注意的是，在开发和引入基于人工智能的临时解决方案时，世界不同地区有其特定的需求。例如，在撒哈拉以南的非洲，80％的农民是资源有限的小农。因此，需要一种低成本的基于人工智能的技术，这样农民可以迅速采用并适应其条件。

交通

交通系统是连接社会和经济活动的关键基础设施。在人工智能的推动下，交通系统逐渐发展成为智能、有韧性和低碳的系统。近年来，人工智能在交通运输中的应用不断增加，例如，交通数据的融合和挖掘、交通流量预测和事件检测、连接车辆和道路以及紧急情况下的交通管控。在计算能力和 5G 通信推动的互联性飞速发展的背景下，智能交通系统将在不久的将来从基础设施建设水平提升到真正的智能管理和控制水平。

例如，阿里巴巴的城市大脑在人工智能的支持下，可实时分析信息，如交叉路口摄像头的视频和车辆位置的 GPS 数据，因为它可以协调中国杭州市周围的 1,000 多个道路信号。其目的是防止或缓解交通拥堵，准确预测交通流量。这使得这个拥有 700 万人口的大都市从中国最拥挤城市的第 5 位下降到了第 57 位（Toh and Erasmus, 2019）。

制造业

人工智能正在帮助制造业转变运营方式，更好地为客户服务，并为员工提供新的机会。施耐德电气公司的平台正在利用 Microsoft AI（微软人工智能）工具，帮助许多客户提前解决各种应用程序的维护问题。这些应用程序包括从发达国家的咖啡烘焙机到发展中国家的学校和诊所等项目。在尼日利亚，历史数据帮助人工智能系统学会识别太阳能电池板可能出现的电量下降，并且当电池板需要清洁或者电池需要检查时，在 12 小时内发出警告以防止其发生故障。通过这种方式，施耐德电气公司便可以识别其太阳能电池板的状态，以便技术人员可以在故障导致停机之前解决问题（Shaw, 2019）。

能源

人工智能已成功应用于可再生能源系统，使其能够更有效地匹配工作条件，如满足客户需求的光和风的强度。人工智能还可以帮助传统能源供应商提供更加环保友好的服务。数据和计算使人们可以看到地下土层，进行 DNA 测序，从而使钻探更加精确，不仅将需要钻探的井的数量减至最少，而且最大限度地延长了油井的生产寿命。所有这些都有助于减少从现场采购到能源商业化的时间（Shaw, 2019）。

人工智能技术和治理的挑战

尽管人工智能技术取得了显著进步，但现有的人工智能仍处于起步阶段，并且仍然在很大程度上局限于解决特定问题——而且大多是用于发达地区，远远没有发挥其全部潜力。因此，其技术和适用能力与满足实现可持续发展目标的要求之间还存在很大差距。

在许多问题上，广泛使用的深度学习算法，迄今为止还是"黑匣子"，无法以人类能够理解的方式解释其预测结果。预测模型缺乏透明度和问责制会造成（并且已经产生）严重后果。此外，这一轮的人工智能严重依赖大量人力来标记其数据，而且越来越大的计算能力消耗了大量能源。2019 年全球数据中心的电力需求约为 200 千瓦时，约占全球最终电力需求的 0.8%（IEA, 2020）。

除了技术上的差距外，人工智能的应用与社会期望之间也存在差距，这引起了公众对人工智能可能带来的负面影响的关注，例如失业、隐私侵犯、偏见、恶意使用以及可能加剧数字鸿沟和不平等问题等。

要缩小这些差距，需进行深入的工程研究，而且需要政府、民间社会组织和行业推动人工智能治理的发展。我们必须认识到，当前人工智能技术以及相关法规、标准化和教育方面的差距，并意识到必须以负责任的态度开发人工智能，以造福人类和环境。人们已经在广泛的技术研发和必要的治理方面付出了诸多努力。迄今为止，政府、行业、高校和科学技术界已经提出了许多有关人工智能负责任行为的准则，例如目前联合国关于人工智能伦理的倡议（UNESCO, 2020）、欧盟的《可信赖人工智能伦理准则》（AI HLEG, 2019）、经济合作与发展组织的《人工智能原则》（OECD, 2019）、世界工程组织联合会的"促进大数据和人工智能在工程中的创新与应用的负责任行为原则"（WFEO, 2019）和OpenAI章程（OpenAI, 2018）。

建议

为了加速人工智能的发展，使其具有可持续发展的人文价值，可以向政府、决策者、行业、学术界和民间社会组织等提出以下建议：

1. 促进全世界学术机构、大学和产业界以及民间社会组织之间的国际和跨学科合作，推动人工智能创新和应用，以实现可持续发展目标。

2. 促进国际对话，就人工智能治理达成全球共识，并针对负责任的人工智能行为实施全球原则、指南和标准。

3. 促进人工智能教育和知识普及，帮助人们适应人工智能时代，让工程师进行负责任的应用和创新，并让所有参与者，尤其是企业领导者和决策者，做出明智的决策，同时需要特别努力缩小富裕国家和贫穷国家之间的数字鸿沟，确保所有人都能享受到人工智能带来的益处，"不让任何人掉队"。

参考文献

AI HLEG. 2019. Ethics guidelines for trustworthy AI. European Commission. High-Level Expert Group on Artificial Intelligence of the European Commission. https://ec.europa. eu/digital- single-market/en/news/ethics-guidelines-trustworthy-ai

CAE. 2019. *Engineering Fronts 2019*. Center for Strategic Studies, Chinese Academy of Engineering. http://devp-service.oss-cn-beijing.aliyuncs.com/f0f94d402c8e4435a17e109e5fbbafe2. pdf

di Vaio, A. Boccia, F. Landriani, L. and Palladino, R. 2020. Artificial Intelligence in the agri-food system: Rethinking sustainable business models in the COVID-19 scenario. *Sustainability*, vol. 12, pp. 4851.

Hawking, S. 2017. Guiding AI to Benefit Humanity and the Environment. Global Mobile Internet Conference (GMIC), Beijing. https://www.youtube.com/watch?v=safbVgs_bZ8

IEA. 2020. *Data Centres and Data Transmission Networks*. International Energy Agency. https://www.iea.org/reports/data-centres-and-data-transmission-networks

McKinsey. 2018. *Notes from the AI frontier: Modeling the impact of AI on the world economy*. McKinsey Global Institute. https://www.mckinsey.com/featured-insights/artificial-intelligence/notes- from-the-ai-frontier-modeling-the-impact-of-ai-on-the-world- economy

MSAUEDU. 2019. UNSW uses Teams to increase student engagement.Microsoft Australia Education. https://educationblog.microsoft.com/en-au/2019/06/unsw-uses-teams-to-increase-student-engagement/

OECD. 2016. *Science, Technology and Innovation Outlook 2016*. Paris: Organisation of Economic Co-operation and Development. https://read.oecd-ilibrary.org/science-and-technology/oecd-science-technology-and-innovation-outlook-2016_sti_in_ outlook-2016-en#page1

OECD. 2019. *OECD Principles on AI*. Organisation of Economic Cooperation and Development. https://www.oecd.org/going-digital/ai/principles/

OECD. 2020. *Trustworthy AI in Health*. Background paper for the G20 AI Dialogue, Digital Economy Taskforce, 1–2 April, Saudi Arabia.https://www.oecd.org/health/trustworthy-artificial- intelligence-in-health.pdf

OpenAI. 2018. OpenAI Charter. https://openai.com/charter/

Patrício, D.I. and Rieder, R. 2018. Computer vision and ArtificialIntelligence in precision agriculture for grain crops: A systematic review. *Computers and Electronics in Agriculture*, Vol. 153, pp. 69–81.

Paucar, L.G., Diaz, A.R., Viani, F., Robol, F. Polo, A. and Massa, A. 2015. Decision support for smart irrigation by means of wireless distributed sensors. *IEEE 15th Mediterranean Microwave Symposium*, IEEE Lecce, pp.1–4.

Schwab, K. 2017. *The Fourth Industrial Revolution*. New York: Crown Publishing Group.

Shaw. G. 2019. *The Future Computed: AI & Manufacturing*. Microsoft Corporation. https://news.microsoft.com/futurecomputed/

Sheikh, J.A., Cheema, S.M., Ali, M., Amjad, Z., Tariq, J.Z. and Naz, A. 2020. IoT and AI in precision agriculture: Designing smart system to support illiterate farmers. In: *Advances in Artificial Intelligence, Software and Systems Engineering.* Ahram, T. (ed.) AHFE 2020. Advances in Intelligent Systems and Computing, Vol. 1213. Springer, Cham.

Toh, M. and Erasmus, L. 2019. Alibaba's 'City Brain' is slashing congestion in its hometown. *CNN Business,* 15 January. https://edition.cnn.com/2019/01/15/tech/alibaba-city-brain-hangzhou/index.html

UNCTAD. 2017. *Information Economy Report 2017*. United Nations Conference on Trade and Development. https://unctad.org/system/files/official-document/ier2017_en.pdf

UNESCO. 2019. *Mobile Learning Week: Artificial Intelligence for Sustainable Development*. United Nations Educational, Scientific and Cultural Organization. https://en.unesco.org/sites/default/files/mlw2019-flyer-en.pdf

UNESCO. 2020. *UN System wide consultation on Ethics of AI*. United Nations Educational, Scientific and Cultural Organization. https://en.unesco.org/news/system-wide-consultation-ethics-ai

Viani, F. Bertoli, M. Salucci, M. and Polo, A. 2017. Low-cost wireless monitoring and decision support for water saving in agriculture. *IEEE Sensors Journal*, Vol. 17, No. 13, pp. 4299– 4309.

Vinuesa, R. Azizpour, H., Leite, I. *et al.* 2020. The role of Artificial

Intelligence in achieving the Sustainable Development Goals. *Nature Communications,* Vol. 11, No. 233.

WFEO. 2019. Promoting responsible conduct of Big Data and AI innovation and application in Engineering. World Federation of Engineering Organizations. http://www.wfeo.org/big-data-and-ai-principles-in-engineering

3

Ajeya Bandyopadhyay[①]

3.9
工程与智慧城市

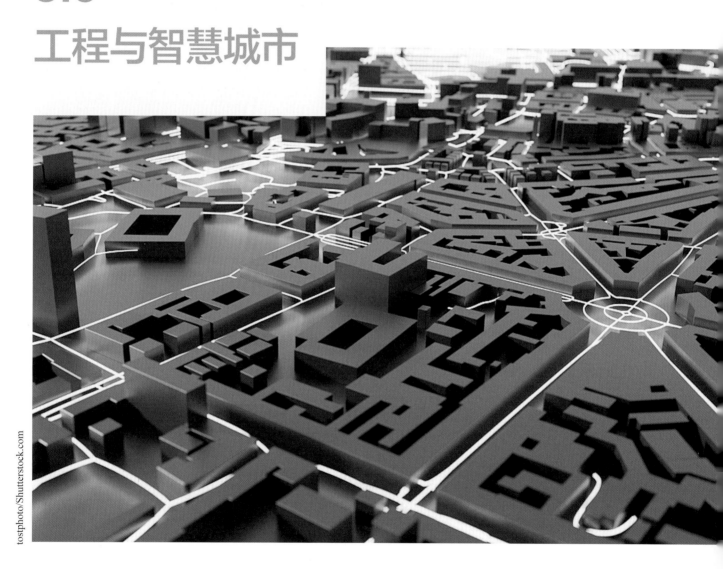

① 世界工程组织联合会（WFEO）信息和通信委员会委员，印度。

引言

世界各地的城市都面临着严峻的挑战，如交通拥堵加剧、空气质量恶化、供水不足、缺乏适当的废物处理和管理、公共卫生问题、犯罪率上升等。同时，预计到2050年，城市人口将占全球人口的70%，贡献全球经济产出的85%，这有可能对环境产生巨大影响（UN，2019）。

为了应对这些挑战，市级政府正在迅速采用智能技术和先进的工程应用，以实现更快、更可靠和可负担的城市服务。数字和工程技术的快速应用正在改变基础设施的性质和经济性，而基础设施是应对这些城市挑战所必需的要素。从某种意义上讲，这也为未来的工程师和技术人员提供了巨大的机会，可以通过创新思想和实施具有成本效益的应用来实现城市的全面发展和改善城市生活质量。《2019年全球可持续发展报告》还将城市发展确定为综合实施可持续发展目标（SDGs）的重要切入点。

表1显示了一些代表性的领域，在这些领域，先进技术的应用正在改变着城市的基础设施和服务。通过创建以市民为中心的差异化服务，将产生重大的社会、环境和经济影响。总体而言，这些帮助城市和地区实现了对可持续发展目标的承诺，特别是SDG 11关于可持续城市和社区的承诺。

表 1　智慧城市中通过改善关键生活质量指标对可持续发展目标产生重大影响的技术应用示例

领域	技术 / 工程应用程序	作用
更快捷、更安全、更可负担的通勤	● 使用数字标牌和移动应用 ● 智能交通管理 ● 拥堵费 ● 实时信息 ● 交通基础设施的预测性维护 ● 自动驾驶汽车	● 通勤时间节省 15%—20% ● 医疗 / 政府工作的通勤时间节省 45%—65%
更快、更智能的公共卫生响应	● 远程患者监护系统 ● 使用传染病监控系统	● 减少 4% 以上的健康负担 ● 发展中国家的城市传染病传播率降低 5%
更清洁、更可持续的环境	● 楼宇自动化系统 ● 空气质量监测 ● 使用先进的计量 / 传感器 / 分析功能跟踪用水量 ● 智能废物管理系统 ● 废弃物可创造经济价值的"减少废物—再次使用—回收"循环经济	● 建筑排放量减少 6% ● 与空气污染有关的负面健康影响降低 3%—15% ● 耗水量减少 15%；失水量减少 25% ● 未回收的固体废物减少 30—130 千克 / 人

领域	技术／工程应用程序	作用
更智能、更可负担的可持续能源	● 减少能耗／将负荷转移到非高峰时段 ● 智能电表可减少损失、被盗风险，更好地预测需求和负荷	● 减少碳密集型"高峰工厂"的使用 ● 增加了绿色能源的使用 ● 减少了停电事件
改善的公共安全和信息安全	● 预测性警务，实时犯罪绘图和枪声检测 ● 优化的调度和同步交通信号灯 ● 电子叫车和减少驾驶障碍	● 袭击、抢劫、入室盗窃事件减少 30%—40% ● 将紧急响应时间缩短 20%—35% ● 交通事故死亡人数减少 > 1%
创新与经济机会	● 智能技术可以在提高本地就业市场效率，支持本地业务增长以及建立使人们更具就业能力的技能方面发挥作用	● 到 2025 年，智慧城市技术可将就业率提高 1%—3%
防灾基础设施和应用程序	● 预警系统 ● 使城市公民设施更具抗灾能力 ● 更快的灾难恢复和响应机制	● 减少了灾害影响 ● 减少了经济、环境和人类生活方面的损失 ● 基础设施更耐用

资料来源：McKinsey Global Institute, 2018

在新兴经济体城市，数字技术和基于信息技术（IT）的解决方案的采用速度最快。大数据分析支持下的、以公民为中心的解决方案，借助于大量基于传感器的基础架构，迅速地在智慧城市中得以实施。物联网（IoT）生态系统为管理和监视现代城市服务提供了可靠的平台。物联网是大多数智能解决方案中的关键要素，它为智慧城市提供了机会，使其能够采用预测性技术，通过创建可传输信息的互联机器和传感器，自动完成多重复任务，提高各种城市服务的效率，提高居民的生活质量。

数字技术和先进工程应用如何改变智慧城市

通过有效利用物联网，智慧城市可以通过提高服务交付质量同时降低成本等方法来合理利用公共资源。在智慧城市中使用物联网的一个关键目标是允许人们以轻松、独特的方式访问公共资源，以便更好地利用和优化交通监管、用水、用电和公共区域的维护。在满足公众需求的同时，智慧城市的理念还被用于提高城市地方机构（ULB）相关措施的透明度。下面列出了在各种智慧城市中实现的一些基于物联网的应用：

● 智能健康：具有传感器功能的健康检查机器可改善初级健康诊断服务。在格拉斯哥，传感器安在公民家中，以诊断和管理健康状况并提供早期诊断。

● 智能交通管理：通过带有摄像头的交通传感器提供实时信息进行动态建模，以此来实现自适应的交通管理，防止交通堵塞。例如，在巴塞罗那，智能巴士连入城市互联网，可实时显示最新的公交时刻表、游客信息、目的地路线图和拥堵状况。

● 智能公用事业供应网：在新加坡，在水网中安装传感器和分析工具可为公用事业提供商提供实时监控和决策支持系统，从而使消费者可以7天24小时全天候用水。

● 智能仪表：自动抄表，并将公用事业用电数据传输给消费者和有关部门，以近实时的方式进行远程监控和计费。内罗毕已安装了90,000个智能仪表，以防止窃水。

● 智能停车：在加尔各答市，城市交通警察启动了一个移动应用程序，可为驾驶员提供城市内可用停车位的实时更新，便于驾驶员提前预订车位。

● 智能垃圾收集和循环经济：监测废弃物容器，以评估利用率和填充状态，进而优化废弃物收集计划和路线。例如，在布拉格，智能垃圾箱是其废弃物管理计划的一部分，可节省能源和节约成本。智能垃圾箱上装有传感器，这些传感器可以将有关其填充状态的数据传输给相应的管理机构。

● 智能照明：在哥本哈根，远程照明管理计划可在不需要照明时控制路灯的亮度，从而节省了65%的能源。

除了上面列出的应用外，物联网还可以在其他几个领域帮助城市实现高效运营，并改善城市居民的生活质量。图1突出显示了智慧城市中物联网的其他此类应用。

安全
● 预测性警务
● 实时犯罪绘图
● 枪声检测
● 智能监控
● 紧急响应
● 穿戴式相机
● 灾害预警系统
● 个人警报
● 家庭安全
● 数据驱动的建筑检查

经济发展
● 数字业务授权和许可
● 数字税务申报
● 线上再培训课程
● 个性化教育
● 本地电子职业中心
● 数字土地使用和建筑许可
● 开放式地籍数据库

医疗保健
● 远程医疗
● 远程患者监护
● 保健型可穿戴设备
● 急救警报
● 实时空气质量信息
● 传染病监测
● 基于数据的人口健康干预措施：
  母婴健康；卫生设施和个人卫生
● 在线护理搜索与时间安排
● 一体化患者流量管理系统

出行
● 实时公共交通信息
● 公共交通中的数字支付
● 运输系统的预测性维护
● 智能交通信号灯
● 拥堵费
● 基于需求的轻轨
● 智能停车
● 共享汽车
● 共享自行车
● 综合多式联运信息
● 实时道路导航

能源
● 楼宇自动化
● 家庭能源自动化
● 家庭能耗跟踪
● 智能灯
● 动态电价
● 配电自动化

社区
● 本地公民参与
● 本地连接平台
● 数字行政公民服务

用水
● 耗水量/质量跟踪
● 泄漏检测
● 智能灌溉

废弃物
● 废弃物处理的数字跟踪/付款
● 路线优化

图1 新兴工程在智慧城市相关领域中的应用

资料来源：KPMG, 2019

智慧城市的新兴工程应用和技能

城市地方机构和城市当局正在制订其智慧城市计划，并利用各种数字技术来实现其总体战略并应对运营和社区挑战。物联网应用有望使城市服务更加快捷、经济、高效，并成为未来智慧城市经济发展的工具。下面给出了此类技术应用的一些示例。

● 移动互联网是物联网的基础数字基础设施，允许机器进行通信和自动化。随着5G和其他几种短距离无线技术的兴起，移动互联网有望推动物联网在智慧城市中的实施。

● 机器学习和人工智能可以帮助将机器收集的大量数据转换为可操作的信息。

● 网络安全通过实现安全的数据交换来促进信任。

● 边缘计算的出现使机器的决策和反应时间更快。这使物联网在事故警报和响应、健康监控和监视等领域得到应用。

● 预测分析是旨在提高企业效率和生产力的一种前瞻性途径，它还可以帮助政府开展各项工作，例如进行天气预报、解决交通拥堵、测定污染物浓度等。改进的算法和统计技术是在多种市民服务中使用的基于物联网的实时信息和情报系统的基础。

● 认知计算通过使用计算机模型来模拟复杂情况下的人类思维过程，来增强物联网体验，从而提高智能设备的智能性。机器智能有望成为物联网的下一个经济动力。

● 数字素养正在帮助更多的人变得对技术更加友好，提高他们对智能机器的熟悉程度和采用率。

● 物联网平台使物联网得以应用，同时迅速降低了设备管理的时间和金钱成本。该平台为车载设备提供了广泛的功能，可使其安全地连接并能够处理数据交换。

据估计，智慧城市特有的全球物联网市场在2018年价值793亿美元，到2025年将达到3,301亿美元，复合年增长率（CAGR）约为22%（Zion市场研究，2019）。这清楚地表明了技术和工程公司、机构和网络以及该领域工程师的工作规模。

具备适用于未来的技能的工程师和技术人员，将来会在这个领域发挥重要作用。虽然拥有专业工程学科的新技能和专业知识很重要，但在诸如智慧城市这样的背景下，作为工程师最关键的一点就是整合、协调和综合来自多个领域的先进能力，以设计针对民众问题的整体解决方案。在智慧城市和未来城市的背景下，下面介绍了一些新兴领域，在这些领域中，传统工程师和从业人员可能需要快速提升技能。

● 电力工程：随着可再生能源渗透率的提高，理解电网一体化和电网稳定性的专业知识将变得极为重要。此外，随着越来越多的电动汽车并入系统，对电网平衡技术和操作实践的深入了解将至关重要。

● 土木工程和城市规划：随着交通运输领域出现诸如快捷公交（BRT）或大众公交（MRT）等更有效的公共交通模式，土木工程师以及运输和城市规划人员将必须协同工作来设计智慧城市。

● 机器人工程：该学科是电气工程和机械工程的一个跨学科分支。而且，随着智能机器的增加，它正在成为一个新的领域，并且可能是保证平稳过渡到智慧城市的最重要领域之一。

● 计算机和信息技术工程：这种工程流对于开发物联网和其他与信息技术相关的应用程序（例如虚拟现实设计、云科学和网络安全等）来说非常重要。

● 结构、环境和腐蚀工程：要确保建筑物和建筑材料对环境无害且具有抗灾能力，需要通过整合这些学科的知识来实现。此外，城市将需要具有更强的气候适应能力，这需要具有足够技能和专业知识的城市规划人员和工程师使用气候模型来预测气候影响，从而采用设计标准来降低城市基础设施的气候脆弱性。

- 其他领域：包括纳米工程、材料／分子工程、生物技术／生物医学工程、腐蚀工程和机电一体化工程等领域，这些领域也在日益变得更加重要。

考虑到现代城市所面临的挑战的规模和复杂性，开发适当有效的解决方案将需要在深入的系统层面上进行多学科的思考。因此，工程师和技术人员日益需要与不同专业的专家和专业人员展开合作，不仅包括工程领域内的跨学科合作，还包括与其领域外的利益攸关者的合作，如决策者、监管者、财务专业人员、经济学家、社会学家、环保主义者等，以开发出更经济、更易于实施而且更切合实际的开箱即用型解决方案，来解决城市问题。

影响智慧城市尽快采用物联网技术的挑战

尽管物联网、数字技术和先进的工程应用程序在改善城市的社会、经济和环境质量属性方面提供了很多优势，但目前仍然存在一些阻碍这些技术大规模和无缝采用的挑战，主要包括：

- 缺乏足够的资源：用于制造物联网和数字设备的组件 [例如微处理器、芯片、印刷电路板（PCB）等] 在任何地方都不容易制造。由于很难获得锂和重稀土金属等原材料，因此对制造物联网设备提出了进一步的挑战。

- 数据安全和隐私：物联网设备对互联网的高度依赖使用户面临网络攻击的风险，这可能导致数据丢失和隐私暴露，也会造成经济损失。需要通过加强这些设备的网络安全性来充分解决这一问题。对政府来说，尽早建立所有权、隐私、使用和共享的数据治理术语作为数据安全的中心支柱也很重要。

- 监管机构能力有限：技术发展的步伐远远超

过了各级政府的制定政策和治理框架以支持、监管和监视技术应用的能力。监管机构往往缺乏技术知识、机构实力、灵活性和人力资源，无法根据技术进步定期更新政策框架。

- 加剧全球不平等：尽管一些城市已经能够扩大规模并采用先进的技术解决方案来为公民服务，但世界上绝大多数城市仍在努力为其公民提供基本的基础设施、安全保障和卫生设施。全球不平等现象的加剧正在阻碍城市管理机构获取实施现代技术所需的资源。

- 失业：数字技术通常会导致一些低端且重复性工作被取代，例如交通管理、废弃物收集等。但是，在许多城市中，由于这些活动本质上是人工完成的，并为成千上万可能没有足够技能来从事其他活动的人们提供生计。因此，物联网的使用将会导致大规模的失业。世界各国政府已经启动了各种再培训和提高技能的方案，以减轻对其公民生计的短期不利影响。

- 重新培训劳动力：在第四次工业革命中，所有行业的技能差距都将不断扩大。人工智能、机器人技术和其他新兴技术的飞速发展正在以越来越短的周期实现，并且改变了需要完成的工作的性质以及完成这些工作所需的技能。在本地市场获得技术工人的机会将是确定成功实施技术干预措施的关键因素。

尽管存在挑战，但预计全球经济的增长和人力资本的增长将使世界上越来越多的城市越来越多地采用基于技术的解决方案来满足其公民的需求。

未来之路

物联网在智慧城市中的应用不仅限于使用强大的技术，它还涵盖了与易用性、实用性和数字资产有关的社会方面，这将提高城市内的可接受性和效率。然而，要使这些技术和工程应用在智慧城市中取得成功，必须遵循一定的属性和原则。以下建议中所概述的这些原则对于未来工程技能组合的调整也很重要，因为它们可使工程师能够在未来的智慧城市中发挥更大、更广泛和更负责任的作用。

建议

1. 创造性：城市地方机构（ULB）等监管机构需要谨慎选择利用最新技术的未来解决方案，同时要了解本地标准和可采用性。这将需要在最前沿、最先进的技术、人力资源和城市基础设施发展之间实现创造性的平衡。

2. 关联性：城市地方机构无需进行孤岛式开发，而是需要与交通、教育、医疗保健等各个部门协同工作，以实现知识和数据共享，从而创建一个互联智能解决方案的网络，专注于提供以公民为中心的整体服务。

3. 协作：可以设想开发几种私营 - 公共伙伴关系（PPP）模式，以利用私营部门的专有技术和资源。城市地方机构还可以诱导参与性和公平性的行为，从而使享受物联网服务的公民拥有强烈的所有权意识。

4. 认证：所使用的 IoT 服务和技术可以通过认证（例如：ISO[①]、GDPR[②]、DPO[③]）来建立用户之间的信任并促进实现标准化。获得认证将可以在保护公民隐私的同时安全可靠地使用技术。

全球化平台还将协调和引导公众及个人付出努力，以在智慧城市中采用、渗透和管理先进的科学技术。多部门的利益攸关者，包括技术、金融、政治、社会和商业伙伴，可以通过这样的平台进行协作和

协调。它还将确立共识、建立关系并促进对新方法和伙伴关系的承诺，以此作为城市技术进步的基础。

智慧城市为将数字技术与众多工程应用程序集成起来，以创建高效的公民相关服务并解决公民的问题创造了机会。同时，它还为组合使用多种技术和工程应用程序，以寻求共同的解决方案提供了机会。随着数字技术的发展，将会出现更全面、实时的数据，这使机构和利益攸关者能够观察事件的进展，了解需求模式的形成并以快速、敏捷和灵活的方式做出响应。

智能工程技术和应用改变了基础设施的性质和经济性。从新一代的交通和医疗设施，到具有抗灾能力的基础设施和低碳能源，智慧城市可以成为目标驱动型创新工具和新应用以及解决方案的试验台。反过来，这将为工程研究和开发以及扩大商业上可行的解决方案开辟更多的途径。城市发展总体上需要以可持续、一体化和包容性的方式进行，这要求城市管理机构与企业、民间社会组织、个人甚至与世界的其他城市一起努力，以促进知识和最佳做法的交流。这样换来的成果将不仅是一座宜居城市，而且是一座生产力更高、更环保，经济和创新活动蓬勃发展的城市。

---

① 国际标准化组织官网：https://www.iso.org/home.html。

② 若想了解有关一般数据保护法规合规性的更多信息，请访问：https://gdpr.eu/

③ 数据保护官。

参考文献

Albino, V., Berardi, U. and Dangelico, R.M. 2015. Smart cities: Definitions, dimensions, and performance. *Journal of Urban Technology*, Vol. 22, No. 1, pp. 3–21. https://www.researchgate.net/publication/311947485_Smart_Cities_Definitions_ Dimensions_Performance_and_Initiatives

Ericsson. 2017. *Ericsson mobility report,* November 2017. https://www.ericsson.com/49de7e/assets/local/mobility-report/documents/2017/ericsson-mobility-report-november-2017.pdf

ITU-UNECE. 2016. *Shaping smarter and more sustainable cities.* International Telecommunication Union and United Nations Economic Commission for Europe. Geneva: UNECE. https://www.unece.org/info/media/presscurrent-press-h/housing-and-land-management/2016/shaping-smarter-and-more-sustainable-cities-unece-and-itu-launch-the-united-for-smart-sustainable-cities-global-initiative/doc.html

KPMG. 2019. *Internet of Things in Smart cities*. Exhibitions India Group. https://assets.kpmg/content/dam/kpmg/in/pdf/2019/05/urban-transformation-smart-cities-iot.pdf

McKinsey Global Institute. 2018. *Smart Cities: Digital Solutions for A More Livable Future.* McKinsey & Company. https://www.mckinsey.com/business-functions/operations/our-insights/smart-cities-digital-solutions-for-a-more-livable-future

UN. 2019. *The Future is Now. Science for achieving sustainable development.* Global Sustainable Development Report. New York: United Nations.

Zion Market Research. 2019. Global IoT in smart cities market is anticipated to reach around USD 330.1 billion by 2025. *Zion Market Research,* March 2019.

4.
工程教育与可持续发展能力建设

摘 要

第四章探讨了工程中的一个重要问题，解决该问题是实现可持续发展目标的前提。工程教育包括学校的科学、技术、工程和数学（STEM），高等教育和持续专业发展（CPD），以及技能提升和技能培训的机会。通过工程教育，今天的工程师能够应对未来的挑战，并获得必要的工具和技能，将这个充满活力的世界打造成一个尊重地球、能够为所有人提供良好健康和福祉的地方。第 4.1 节侧重于高等工程教育如何满足可持续发展对新工程能力的要求，并探讨了工程教育为何以及如何从关注传统的学科技术知识转变为关注更广泛的跨学科的复杂问题解决方法，将社会和可持续的问题分析与学术技术知识和解决方案相结合。

第 4.2 节进一步探讨了工程领域终身学习的必要性，以便使工程师能够跟上技术的飞速发展和日益增长的社会期望，并通过工程来解决世界所面临的各种问题。本节还分析了工程领域终身学习的现状，以及在未来建立政策、基础设施和质量保证框架的方法。第 4.3 节涉及持续专业发展和认证制度问题，这些在促使工程师适应技术革新和新的工作方法以更好地履行其对全球可持续发展的承诺方面发挥着根本作用。第四章说明了工程能力建设是一个持续的过程，并且随着科学技术的发展，现代工程的社会方面和质量保证需要在这个发展过程的每个阶段都携手合作。从学校学习到专业发展的漫长的工程教育历程中，一个关键要求是"确保所有学习者获得促进可持续发展所需的知识和技能"（可持续发展目标 4）。

Anette Kolmos[①]

4.1
面向未来的
工程教育

① 丹麦奥尔堡大学、奥尔堡基于问题学习中心（UCPBL）教授。

摘 要

工程教育在培养能够应对实现可持续发展目标所带来的挑战的工程师方面发挥着至关重要的作用。因此，工程教育需要从关注学术技术知识转向关注更广泛的跨学科的复杂问题解决方法，分析社会和可持续发展问题，并运用学术技术知识和学术手段来解决这些问题。工程专业的学生需要学习如何分析和解决复杂问题，以及如何在各种团队中进行协作。本节重点关注对新工程能力的需求，以及工程院校通过以学生为中心的基于问题的学习来应对可持续发展的挑战的新趋势。引导工程教育朝这一方向发展需要教育领导和教育研究。此外，还应系统地开展课程改革，包括课程提升和教师发展。

工程领域发生了怎样的变化？

工程学是一门解决问题的学科，需要贯穿于早期学校教育到整个教育系统的基于问题的学习方法。学校的理科专业将受益于结合设计思维和学校间跨学科合作的探究式教学法（见框 1）。

工程专业的学生需要学习如何分析和解决社会所面临的问题，以及开发技术来改善可持续的生活。未来工程教育的主要趋势，如新兴技术和就业议程强化了这些需求，同时没有忽略诸如性别失衡等多样性问题。

框 1 早期科学、技术、工程和数学教育的重要性

攻读理科专业的年轻人持续减少，以及工程师的连年短缺令人担忧。联合国教科文组织与其合作伙伴英特尔共同开发了在线科学、技术、工程和数学教育资源，以支持新冠肺炎疫情期间范围广泛的远程教育。在家学习科学、技术、工程和数学课程从来没有像今天这样容易。这些免费的在线资源为所有年龄段的人提供编码挑战，以及数学问题和解决方案、各种微观科学操作实验、说明，描述、指南、杂志，以及通过 Skype 与科学家进行交互设计的机会。目的是提高年轻人，特别是年轻女性对理工科的兴趣，从而激发她们的批判性思维、创新和解决问题的能力。从零开始学习如何用家用材料和智能手机制造机器人并为其编写程序是联合国教科文组织改进和加强在线科学、技术、工程和数学教育的例子。

教育工作者可以在以下网址上获取一些专门为课堂开发的关于科学、技术、工程和数学的教学单元：http://www.unesco.org/new/en/natural-sciences/science-technology/engineering/engineering-education/stem-resources/

工程和技术对实现 17 项可持续发展目标，进而对地球的未来至关重要。正如联合国教科文组织在《工程：发展的问题、挑战和机遇》中指出的那样，工程教育面临着诸多挑战，包括吸引和留住学生，以及应对知识生产和应用形式的变化（UNESCO, 2010）。工程教育是解决大多数可持续发展目标的关键，它在推行人道主义、社会和经济发展中也发挥着重要作用，例如在和平与正义的社会进程中。哥伦比亚的案例研究（框 2）说明了这一点。因此，对于工程教育来说，重要的是找到培养工程师的方法，使他们能将可持续发展的价值观融入技术的发展当中。

因为尤其考虑到培养一名工程师需要五年实践，所以工程需要快速发展，从而在这些领域取得进展。今天开始接受工程教育的学生，将把他们的所学付诸超越现有可持续发展目标范畴的实践当中。技术将变得更加复杂，工程教育的学习成果也将随之变化，包括教育内容和学习方法的变化。未来的方向应包括综合考虑复杂问题的识别和解决，以使工程专业的学生能够学习必要的技术技能，以及如何应对与其学科和社会影响有关的可持续发展的挑战。

可持续发展目标与课程的复杂性

达到可持续发展目标和应对可持续发展的挑战需要更加"复杂"的课程。Cynefin 框架可以帮助理解教学方法和学习方法是如何与日益增长的复杂性理解需求结合的（Snowden and Boone, 2007）。

该框架包括简单、繁杂、复杂和混乱四种域。

在简单域中，可以很好地理解系统行为并实施最佳实践；大多数工程学科都是在简单域下教授的。繁杂域需要专家介入，存在很多个正确答案。例如，桥梁或移动电话的设计就属于繁杂域，即在已知技术中添加了一些新特性。复杂域事关新能力，其中问题的性质或待应用的解决方案的类型尚不明确。可持续性属于复杂域，在该域中应该确定一系列分析和解决问题的标准。混乱域不仅复杂，而且往往会导致自然或人为灾难。在应用繁杂、复杂和简单域的方法之前，需要立即采取行动稳定局势。

常规的工程课程对应简单域和繁杂域。可持续发展、第四次工业革命（5.0 社会）和就业能力的挑战要求在所有四个域内都具备学习潜能：i）混乱；ii）复杂和涌现；iii）繁杂；iv）简单。繁杂和复杂域的教育策略将涉及设计或问题导向型项目的应用，这些项目可以从较小的规模扩大到更开放的规模，同时课程结构和教学方法也会有所变化（图1）。

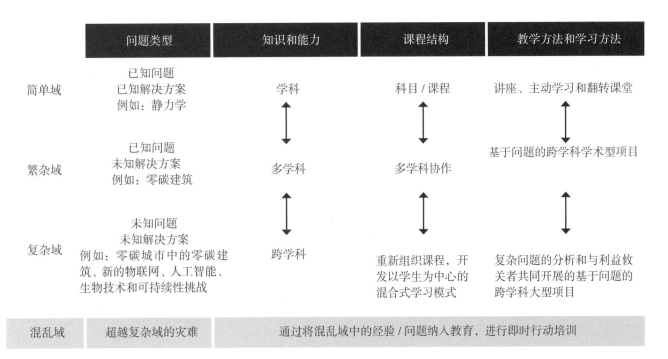

	问题类型	知识和能力	课程结构	教学方法和学习方法
简单域	已知问题 已知解决方案 例如：静力学	学科	科目／课程	讲座、主动学习和翻转课堂
繁杂域	已知问题 未知解决方案 例如：零碳建筑	多学科	多学科协作	基于问题的跨学科学术型项目
复杂域	未知问题 未知解决方案 例如：零碳城市中的零碳建筑、新的物联网、人工智能、生物技术和可持续性挑战	跨学科	重新组织课程，开发以学生为中心的混合式学习模式	复杂问题的分析和与利益攸关者共同开展的基于问题的跨学科大型项目
混乱域	超越复杂域的灾难	通过将混乱域中的经验／问题纳入教育，进行即时行动培训		

图 1 课程开发要素与复杂程度的结合

哪些教育方法已被证明是有效的？

工程院校如何应对这些挑战？未来的课程模式有哪些新趋势？对此，认证机构通过参考国际工程联盟（IEA）颁布的华盛顿协议、美国工程与技术认证委员会（ABET）制定的美国工程教育标准，以及澳大利亚工程能力（属性）中确定的专业能力做出了回应。一些国家，例如瑞典，对政府层面的教育进行了监管，明确要求工程专业学生学习可持续发展的知识和掌握可持续发展能力（Holgaard et al., 2016）。

在过去的 20 年里，教育院校已经从以教师为主导的体系转变为以学生为主导的学习环境，具体包括：

● 课堂主动学习（"翻转课堂"）以及基于问题和项目的学习（PBL）。

● 在与实践相关的学习课程中专门纳入后期工作相关要素，如实习、行业项目、创业和创新中心，以及针对专业能力学习的要素。

● 越来越多的院校转向更系统化的方法，即相关院校改变所有课程而不是某一课程（Graham, 2018b）。

翻转课堂在学校的在线学习方式中占据主导地位。它将在线学习和校园学习与主动学习相结合，让学生参与课堂。在线学习通常采取结构化的备课形式，如视频、测验、阅读或课前合作活动。因此，课堂时间用于活动，而不是讲课（Jenkins et al., 2017; Reidsema et al., 2017）。数字学习的潜力尚未充分释放，而 2020 年的新冠肺炎疫情表明多种学习环境的快速转换成为一种新的标准。

基于问题和项目的学习涉及更复杂的学习过程，团队中的学生致力于发现问题并选择方法，同时开发解决方案的原型。总的来说，研究文献表明，基于问题和项目的学习能增强学习动机，降低辍学率，促进能力发展（Dochy, et al., 2003; Strobel and van Barneveld, 2009）。基于问题和项目的学习似乎也

对知识保留领域有积极影响（Norman and Schmidt, 2000; Strobel and van Barneveld, 2009）。基于问题和项目的学习也被视为一种弥合工程教育／工作与发展专业能力之间差距的方法（Kolmos et al., 2020b; Lamb et al., 2010; RAEng, 2007）。最后，研究结果表明，基于问题和项目的学习提高了工程专业学生的可持续发展意识（Kolmos et al., 2020b; Servant et al., 2020）。

目前的问题不是基于问题和项目的学习是否有效，而是确保基于问题和项目的学习的实施质量。在单一学科或课程中实施基于问题和项目的学习的差异巨大。项目中出现的问题大多与学术相关；许多作者将其描述为课程导向的基于问题和项目的学习（Chen et al., 2020; Gavin, 2011; Hadgraft, 2017; Kolmos, 2017）。课程导向的基于问题和项目的学习在复杂的学习方面有其局限性，包括可持续发展和社会相关问题，但是这种学术型项目对于理解复杂的问题可能非常有用。因此，问题和项目类型的变化可以成为学生应对复杂的可持续发展挑战的策略。

更加开放的长期团队项目需要一种系统的方法，允许组织各种规模的涉及各种问题类型和学习成果的项目（框 3）。问题涉及学术和理论项目，以及由不同社会参与者发起的具有现实问题的项目。学生通常与公司或更广泛的社区成员合作完成项目，或者由学生自己确定和实施项目。与公司和其他利益攸关者的合作使学生能够了解他们在工作中将要遇到的复杂问题的情境。利益攸关者此类外部发起的项目往往很难作为学术课程的一部分加以控制，因为问题可能朝着一开始就没有预料到的方向发展。然而，研究表明，当学生完成公司项目时，他们的动力会增强，因为他们会发现这些学习情境因可识别的客户而变得更加真实和令人兴奋（Kolmos and de Graaff, 2014; Zhou, Kolmos and Nielsen, 2012）。

框3 项目类型

奥尔堡大学在工程和科学领域有着长期开展基于问题和项目的学习模式的经验。学生将一半的学习时间花在各种类型的团队项目上，另一半时间则花在更传统的学习科目上。世界上许多院校纷纷借鉴奥尔堡大学这一教学模式，奥尔堡大学也在不断试验，以便探索更多提升学生学习效果的方法。学生可以从不同类型的项目中提升能力。这些项目有的涉及单一学科，有的涉及多个项目，都是为了提升学科的学习成果。此外，有些项目属于由单一团队完成的跨学科项目，还有些项目属于由多个项目团队合作完成的最新发起的大型跨学科项目。这种大型项目致力于解决可持续性挑战，并在一个主题下来组织实施。在2020年春季学期，奥尔堡大学立项的一个主题是简化可持续生活方式。该主题确定了若干项挑战，如废物、绿色消费、运输和流动性。对于每一项挑战，又进一步确定了具体的挑战和问题，如奥尔堡大学的废物处理或私人家庭的废物。由多个学科学生组成的若干项目组研究同一个问题，例如私人家庭中的废物，但每个小组都从各自的学科角度出发。例如，建筑与设计专业的学生开展垃圾桶的设计工作，环境管理专业的学生开展物流相关工作，而电子工程专业的学生则开展智能垃圾桶研发工作，等等。在问题分析、设计和寻找与大型项目相关的解决方案的过程中，学生们会召开中期会议，以便就相关问题进行讨论并给出反馈（AAU*; Kolmos et al., 2020a; Routhe et al., 2020）。

* 奥尔堡大学大型项目：https://www.megaprojects.aau.dk/

课程开发

问题是如何开展教育。自上而下和自下而上两种方法都是必要的，而且组合起来使用会发挥最大效力。认证与总体政策框架和自上而下的方法同等重要。然而，教育改革必须在院校层面进行，这将涉及文化的转变，教学人员也要对学习产生不一样的理解。工程教育的变革通常是缓慢的，故应该采取策略促进更快的变革。由于文化在变革过程中扮演着重要的角色，因此需要一种更具实验性的教学方法来创新学习环境。院校层面已经形成了三种课程策略（Kolmos et al., 2016）。

1. "附加策略"（add-on strategy）使学生更加主动地学习现有课程。这项策略最广泛地应用于实现以学生为中心的学习目标。这反映在关于基于问题和项目的学习的大量报道中，以及与课程层面的主动学习实验有关的文献中（Chen et al., 2020）。该倡议源于一次讲座。

2. "整合策略"（integration strategy）将现有课程与技能和能力相结合，如项目管理和协作。构思—设计—实现—运作（CDIO）模式就是一个例证，该模式已制定了一系列涵盖系统层面的标准，包括质量保证和教学人员发展，技能和能力与课程的融合，以及至少是真实项目（主要是公司项目）的整合，学生可以在其中学习构思、设计、实现和运营项目（Crawley et al., 2014; Edström and Kolmos, 2014）。这一策略需要一位教育领导来激励下属进行实验，并从战略上编写课程概述。

3. "重建战略"（re-building strategy）是指通过建立一个新院校或制定一个新方案进行系统层面的重组。重建策略强调社会背景，支持包括许多开放式项目在内的所有类型的主动学习。整个课程的进展是基于对技术知识和能力，以及专业或就业能力的重视。这种变革还需要体制层面和教育层面的领导，以及能够跳出传统思维界限，促进变革进程的学术型教师。

教育领导力的发展和教师培训对于创造和保持必要的教育变革，以及更多地应用以学生为中心的创新教学方法而言至关重要（Graham, 2017；Graham, 2018a）。此外，还需要制定自上而下和自下而上的策略，这应与基于教龄的晋升制度的发展相匹配。在最近一项关于一流工程大学尝试以学生为中心的新型模式的研究中可能会发现一些启示（Graham, 2018b）。欧林工程学院、麻省理工学院（MIT）、斯坦福大学、奥尔堡大学和代尔夫特理工大学被视为工程教育领域的佼佼者，但一些后起之秀，如新加坡科技设计大学、伦敦大学学院，智利天主教大学和位于美国弗吉尼亚州的 Iron Rang 工程学院也受到了关注。这些院校大多实行连贯的以学生为中心的学习模式，其中还包括实习、公司项目或公司咨询等形式的校外实践。

结论

全世界院校都需要改革工程教育课程和学习方法，以应对可持续发展目标的挑战。尽管许多院校已经开展了更全面的工程教育，但仍有一些建议供参考。许多新的院校和它们的课程可以作为未来工程教育的典范，与此同时，知名院校也一改以往传统的授课形式，转而实行连贯的以学生为中心的教学模式，为世界范围内的变革打下基础。课程转型的经验可以激励其他院校形成自己的课程发展战略和措施，这反过来也可以成为院校和政府的灵感来源。

建议

1. 改进和加强学校的科学、技术、工程和数学教育。这是高等工程教育和终身学习的基础。此外，无论是中小学、大学，还是工程系和专业培训机构，都需要在课程中纳入"可持续发展"这一主题，以"确保所有学习者获得促进可持续发展所需的知识和技能"（可持续发展目标 4.7）。

2. 工程课程中的跨学科性、可持续发展和就业能力。各国政府应更加注重跨学科课程、可持续发展和专业能力，并将其与支持这些需要的资助模式结合起来。应制定国家认证标准，并对符合这些要求的院校给予激励和奖励。

3. 工程研究投资。各国政府应推动和支持工程教育研究，在系统层面上发展教育学、教学法和学习法。研究应注重以学生为中心，用基于问题的学习和在线学习方法来解决跨学科和复杂的问题。

4. 应对复杂性的院校改革。政府应奖励那些开发新的以学生为中心的混合型系统学习模式的院校。这当中包括工程院校，它们与行业和其他社会参与者合作，开发了综合式混合型教育模式，努力改变整个课程和学习方法。该模式利用了可持续发展等现实世界中的复杂问题和项目。此外，还可以奖励和宣传国家和国际间的最佳做法范例。

5. 教育变革的领导力。政府应投资、培养和嘉奖教育领导者，以促进和保持工程教育所需的系统性变革。建立一个支持、培养和认可教育影响力和教育领导力的奖励和认可体系是发展工程教育的一个重要因素。

6. 高等院校教师是变革的推动者。各院校应制定课程改革策略，并通过分配资源和采取其他激励措施，如对教师的教学计划予以奖励、团队建设、学术休假和教育创新年度津贴，来开展必要的学术研究。

参考文献

Agencia de Noticias UN. 2018. Estudiantes del Peama en Sumapaz realizan proyectos para la comunidad [Peama students in Sumapaz carry out projects for the community]. Bogotá: Universidad Nacional de Colombia. http://agenciadenoticias. unal.edu.co/detalle/article/estudiantes-del-peama-en-sumapaz-realizan-proyectos-para-la-comunidad.html

Chen, J., Kolmos, A. and Du, X. 2020. Forms of implementation and challenges of PBL in engineering education: a review of literature. *European Journal of Engineering Education.* https://doi.org/10.1080/03043797.2020.1718615

Crawley, E.F., Malmqvist, J., Östlund, S., Brodeur, D.R. and Edström, K. 2014. Teaching and learning. In: *Rethinking Engineering Education.* Springer-Verlag US, pp. 143–163.

Dochy, F., Segers, M., Van den Bossche, P. and Gijbels, D. 2003. Effects of problem-based learning: A meta-analysis. *Learning and Instruction,* Vol. 13, No. 5, pp. 533–568.

Edström, K. and Kolmos, A. 2014. PBL and CDIO: Complementary models for engineering education development. In: *European Journal of Engineering Education,* Vol. 39, No. 5, pp. 539–555.

Gavin, K. 2011. Case study of a project-based learning course in civil engineering design. *European Journal of Engineering Education,* Vol. 36, No. 6, pp. 547–558.

Graham, R. 2017. *Snapshot review of engineering education reform in Chile.* Santiago de Chile: Aalborg University/ Pontificia Universidad Católica de Chile. www.rhgraham. org/resources/Review-of-educational-reform-in-Chile-2017. pdf

Graham, R. 2018a. The career framework for university teaching: Background and overview.

Graham, R. 2018b. *The global state of the art in engineering education.* Cambridge, MA: Massachusetts Institute of Technology. https://www.rhgraham.org/resources/Global-state-of-the-art-in-engineering-education---March-2018.pdf

Hadgraft, R. 2017. Transforming engineering education: Design must be the core. Paper presented at the 45th SEFI Conference, 18-21 September 2017, Azores, Portugal.

Holgaard, J.E., Hadgraft, R., Kolmos, A. and Guerra, A. 2016. Strategies for education for sustainable development–Danish and Australian perspectives. *Journal of Cleaner Production,* Vol. 112, No. 4, pp. 3479–3491.

Jenkins, M., Bokosmaty, R., Brown, M., Browne, C., Gao, Q., Hanson, J. and Kupatadze, K. 2017. Enhancing the design and analysis of flipped learning strategies. *Teaching & Learning Inquiry,* Vol. 5, No. 1, pp. 1–12. https://files.eric. ed.gov/fulltext/EJ1148447.pdf

Kolmos, A. 2017. PBL Curriculum Strategies: From course-based PBL to a systemic PBL approach. In: A. Guerra, R. Ulseth and A. Kolmos (eds), *PBL in Engineering Education.* Rotterdam, Holland: Sense Publishers, pp. 1–12. https://vbn. aau.dk/ws/portalfiles/portal/262431640/pbl_in_engineering_ education.pdf

Kolmos, A., Bertel, L.B., Holgaard, J. E. and Routhe, H.W. 2020a. Project Types and Complex Problem-Solving Competencies: Towards a Conceptual Framework. In: A. Guerra, A. Kolmos, M. Winther and J. Chen (eds), *Educate for the future: PBL, Sustainability and Digitalisation 2020.* Aalborg, Denmark: Aalborg Universitetsforlag, pp. 56–65. https://vbn. aau.dk/ws/portalfiles/portal/344787630/Project_Types_ and_ Complex_Problem_Solving_Competencies.pdf

Kolmos, A. and de Graaff, E. 2014. Problem-based and project-based learning in engineering education. In: *Merging models.* New York, NY: Cambridge University Press, pp. 141–161. https://vbn.aau.dk/ws/files/195196355/CHEER_TOC.pdf

Kolmos, A., Hadgraft, R.G. and Holgaard, J.E. 2016. Response strategies for curriculum change in engineering. *International Journal of Technology and Design Education,* Vol. 26, No. 3, pp. 391–411. https://link.springer.com/article/10.1007/s10798-015-9319-y

Kolmos, A., Holgaard, J.E., and Clausen, N.R. 2020b. Progression of student self-assessed learning outcomes in systemic PBL. *European Journal of Engineering Education*, pp. 1–23. https://doi.org/10.1080/03043797.2020.1789070

Lamb, F., Arlett, C., Dales, R., Ditchfield, B., Parkin, B. and Wakeham, W. 2010. *Engineering graduates for industry.* London: Royal Academy of Engineering. www.raeng.org. uk/publications/reports/engineering-graduates-for-industry-report

Norman, G.R. and Schmidt, H.G. 2000. Effectiveness of problem-based learning curricula: Theory, practise and paper darts. In:

Medical education, Vol. 34, No. 9, pp. 721–728.

Ordóñez, C., Mora, H., Sáenz, C. and Peña Reyes, J.I. 2017. Práctica del Aprendizaje Basado en Proyectos de la Universidad Nacional de Colombia en la localidad de SUMAPAZ de la ciudad de Bogotá D.C, Colombia [Project-Based Learning Practice of the National University of Colombia in the town of SUMAPAZ of the city of Bogotá D.C, Colombia]. In: A. Guerra, F.J. Rodriguez,A. Kolmos and I.P. Reyes (eds), *PBL, Social Progress and Sustainability*. Aalborg, Denmark: Aalborg Universitetsforlag, pp. 53–64. https://vbn.aau.dk/ws/portalfiles/portal/260094430/IRSPBL_2017_Proceedings_1_.pdf

Reidsema, C., Kavanagh, L., Hadgraft, R. and Smith, N. (eds). 2017. *The Flipped Classroom: Practice and practices in higher education*. Singapore: Springer. https:// www.springer.com/gp/book/9789811034114

Routhe, H.W., Bertel, L.B., Winther, M., Kolmos, A., Münzberger, P. and Andersen, J. (n.d.) Interdisciplinary Megaprojects in Blended Problem-Based Learning Environments: Student Perspectives. In: *Proceedings of the 9th International Conference on Interactive, Collaborative, and Blended Learning (ICBL2020)* Advances in Intelligent Systems and Computing.

RAEng. 2007. *Educating engineers for the 21st century*. London: Royal Academy of Engineering. https://www.raeng.org.uk/publications/reports/educating-engineers-21st-century

Servant-Miklos, V., Holgaard, J.E. and Kolmos, A. 2020. A 'PBL effect'? A longitudinal qualitative study of sustainability awareness and interest in PBL engineering students. In: A. Guerra, A. Kolmos, M. Winther and J. Chen (eds),*Educate for the future: PBL, Sustainability and Digitalisation 2020*. Aalborg, Denmark: Aalborg Universitetsforlag,pp. 45–55. https://vbn.aau.dk/ws/portalfiles/portal/357965178/AAU_8th_PBL_2020_interaktiv_2.pdf

Snowden, D.J. and Boone, M.E. 2007. A leader's framework for decision making. *Harvard Business Review*, pp. 69–76.

Strobel, J. and van Barneveld, A. 2009. When is PBL more effective? A meta-synthesis of meta-analyses comparing PBL to conventional classrooms. *Interdisciplinary Journal of Problem- based Learning*, Vol. 3, No. 1, Art. 4, pp. 44–58. https://docs.lib.purdue.edu/cgi/viewcontent.cgi?article=1046&context=ijpbl

UNESCO. 2010. *Engineering: Issues, challenges and opportunities for development*. Paris: UNESCO Publishing. https:// unesdoc.unesco.org/ark:/48223/pf0000189753

Zhou, C., Kolmos, A. and Nielsen, J.F.D. 2012. A problem and project-based learning (PBL) approach to motivate group creativity in engineering education. *International Journal of Engineering Education,* Vol. 28, No. 1, pp. 3–16.

Soma Chakrabarti[①]，Alfredo Soeiro[②]，
Nelson Baker[③] 和 Jürgen Kretschmann[④]

4.2
工程领域的终身学习：实现可持续发展目标的必要条件

① 国际继续工程教育协会主席，安西斯－格兰塔，英国。

② 国际继续工程教育协会前主席，葡萄牙波尔图大学。

③ 国际继续工程教育协会秘书长兼前主席，美国佐治亚理工学院。

④ 德国波鸿应用技术大学校长、教授，国际矿业教授学会
（SOMP）前副主席。

摘 要

17 项可持续发展目标中有许多只有通过熟练工程师和技术人员的积极参与和贡献才能实现。然而，新技术、自动化、人口变化和就业流动性的出现将要求工程专业人员不断进行技能再培训。这就需要工程能力建设，以及结构化的质量保证和认证以实现终身学习。本节分析了工程领域终身学习的现状，以及在未来制定政策、基础设施和质量保证框架的方法，以帮助实现《2030 年可持续发展议程》中设定的目标和指标。

引言

不断引进新的、改进的技术和自动化技术正在以指数级的速度改变世界。第四次工业革命带来的新技术，包括人工智能（AI）、机器人、纳米技术、3D 打印、区块链和数字医疗，正在改变工作、职业道路和人们的工作方式（Schwab, 2017）。机器学习在最近取得的进展和掌握用于训练机器的大量数据，使得取代体力劳动的人工智能迎来重大突破。在许多制造业工厂，机器人已经取代——并将继续取代——人类活动。配备新型尖端技术的机器或自动化设备正在代替人完成日常工作，发达国家和新兴经济体的就业市场因而呈现两极分化的态势（OECD, 2017）。尽管这种转变带来了挑战，但是新的就业机会正在并将继续促进经济增长。2030 年，就业市场会出现约 9% 的目前尚不存在的新职业（Bughin et al., 2018）。简而言之，自动化技术与人工智能的相互作用，加上人口变化和大规模的行业消失，正在改变未来工作的性质（Munro, 2019）。

以下是未来工程领域里普遍的、可预见的趋势（Schwartz et al., 2019）：

● 随着人类寿命和工作时间的延长，在职工程师的工作年限将大大增加。从人口统计学角度来看，越来越多的老年人也将成为劳动力的一部分（Jenkins, 2019）。

工程师会更频繁地转岗或跳槽，因此需要不断地培训技能和提升技能（WEF and BCG, 2018）。

● 新知识的产生速度越来越快，技术也在迅速发展。工程师和技术人员需要跟上这些变化和创新，才能留在劳动力队伍中（DeLong, 2004）。

● 在本国为国际组织工作时，工程师从事的项目越来越遍布全球或具有全球影响（WEF, 2016）。

● 虽然自动化技术已经并能在未来完成很多人类行为，但机器不太可能取代人际沟通和情商等软技能。工程师和技术人员都需要学习这些技能，以跟上时代步伐，保持就业能力（Bughin et al., 2018）。

因此，有必要对工程师和技术人员进行继续教育，也被称为以不断的技能培训和技能提升为目的的终身学习。

工程领域的终身学习（LLL）有各种各样的别称，其中最常见的是工程师的持续专业发展（CPD）和继续工程教育（CEE）。终身学习或继续工程教育有两种形式：

1. 为在职专业人员而设的中学后学历，包括面对面、在线和混合式授课。

2. 各种形式的非学位证书或课程。

本节侧重工程和技术领域终身学习的若干方面，例如工程领域终身学习的形式，特别是职业教育和技术培训；尤其是对于实现可持续发展目标和指标而言，后者在发展中国家更为实用。本节还探讨了产学结合，以及私营单位在定义技能提升和技能培训需求时的作用。本节描绘了从学徒到工程师和技术专家的职业之路，并提到了持续专业发展课程和基础设施的质量测量和保证，以确保在世界任何地方都能接受认证的最高标准的继续教育和专业教育以及高级工程培训。本节的第三部分描述了非正规和正规继续工程教育的各种质量保证标准。

工程和技术领域的终身学习形式

如前所述，工程领域的终身学习形式多种多样，因不同的工作阶段而异。本节描述了这些形式，并指出了它们各自的优点。

基于工作的学习——继续工程教育的一种形式

基于工作的学习通常被称为学徒制，是指在一个行业或职业中，以在职学习的方式在教育院校或职业培训机构学习的一种培训制度。这种方法在职业发展道路上往往是有价值的，因为学习者能够因此获得受监管职业的从业资格。采用该种方法的学习者有望获得可衡量的能力，从而获得认证（Krupnick, 2016）。

例如，德国广泛采用双学徒制作为职业途径，使未来的工程师能够通过结构化的实践获得宝贵的经验①。在工程领域，这种学徒制非常有利，因为工程领域的专业能力，如技术和工作知识、技能和资质都非常重要（Dubouloz, 2016）。学徒制也可以与大学的工程课程相结合，即所谓的双修课程。

雇主和学徒之间通常存在一种契约薪酬关系。学习者甚至可以通过学徒制学位完成工程课程来获得正式学位。学生在公司工作和在校学习交替进行，因此可以从学术和专业层面的监督和支持中受益（Singh, 2015）。

除了德国，英国帝国理工学院和法国南特中央理工学院等一些名校都提供学徒制学位。课程涉及电子工程和工业工程，涵盖了大多数工程领域的研

---

① 参见德国学徒制的"学徒工具箱"：https://www.apprenticeship-toolbox.eu/germany/apprenticeship-system-in-germany/143-apprenticeship-system-in-germany

究（EUCEN, 2019）。

然而，发展中国家尚未系统地采用基于工作的学习，因为这需要明确的政策和基础设施支持。撒哈拉以南非洲国家的学徒制通常是针对低技能的工作，不涉及工程培训或职业教育（Bahl and Dietzen, 2019）。

工程师的非正规和非正式（NFIF）学习

正规学习通常会获得认证或其他形式的认可。非正规学习是嵌入在计划活动中，它并非常规意义的学习（就学习目标、学习时间或学习支持而言），但包含一个重要的学习元素。非正规学习不涉及认证或其他形式的认可，在学习目标、学习时间或学习支持方面也不成体系（CEDEFOP, 2014）。虽然非正规和非正式学习（Non-formal and informal, NFIF）在工程师继续教育中很常见，但是确定这些获得的能力需要结构化的流程，例如：

- 可以记录和验证的能力的定义；
- 核实完成最终验证的正式前提条件；
- 确定所需的学习成果/能力以纳入系统；
- 关于哪些学习成果值得记录的决定；
- 确定雇主希望其工程师获得哪些能力。

尽管美国或法国的一些学术机构，以及包括马来西亚工程师协会、爱尔兰工程师协会和日本土木工程协会在内的一些专业工程组织承认持续专业发展的成就，但是验证和承认非学位、非学分学士学位的结构化流程在非正规和非正式学习中相当罕见，缺乏正式的质量保证程序（Feutrie, 2012; Pardo, 2016）。

我们的首要目标是建立一个记录和验证工程师非正规和非正式学习成果的系统，并得到公司、专业组织和社会的认可，从而有助于提高全球工程师的透明度和流动性。这一点至关重要，因为世界上一些地区缺乏训练有素的工程师，而合格的工程师则因失业而在其他地区另谋出路。

4

Europortfolio 能力框架（2015）提出的一种电子档案能够成功、系统地评估非正规和非正式学习后的工程能力，它可以用于能力认可和认证的各个环节。有了电子档案，工程师可以：

● 为他们的工作创建数字档案；

● 选择特定的工作（超链接或文件）以突出成绩；

● 为未来培训制定目标并以此改进；

● 与他人分享学习成果，并接受同行评价，将其作为形成性反馈的一部分；

● 收集长期学习的证据，这些证据可以呈现给不同的受众进行验证、认可或专业认证。

非正规和非正式学习的电子档案提供了一个灵活而强大的系统，可以借此对能力进行评估。它们还为专业协会、认证机构和工程师提供一种机制，通过这种机制，工程师可以展示他们通过非正规和非正式学习获得的知识、才能和技能。在不久的将来，更广泛的区块链活动可以将电子档案和其他凭证聚合起来，形成个人学习记录（Roebuck, 2019）。

非正规和非正式学习评估与欧洲国家工程协会联合会卡

对非正规和非正式学习的评估可分为两类：一是自我评估，如个人发展计划（PDP）；二是由保存数字记录的专业协会进行外部评估。后者已由世界各地的一些专业组织在澳大利亚、爱尔兰、日本、马来西亚和美国等国实施。

鉴于工程师的专业能力通常是由专业协会或商会界定的，因此不可能存在一套通用的适合不同国家和不同工程专业的能力。为了解决这个问题，欧洲国家工程协会联合会（FEANI）创建了"工程卡"，里面包含工程师相关信息，如正规教育、专业经验、继续工程教育或持续专业发展。它定义了每个工程师可以提供的一组能力，并使用电子档案系统记录在非正规和非正式学习过程中获得的能力证据。每

个认证或专业组织都可以使用此电子档案识别每个工程师获得的能力。FEANI 还建立了一个向工程师授予持续专业发展（CPD）学分的系统。这一制度是自愿的，由 FEANI 成员的专业组织使用[①]。

正规继续工程教育实施者的作用

正规继续工程教育实施者也在非正规和非正式工程能力的认可中发挥作用。他们对模块和课程进行定义，以此与愿意达到一定资格的候选人的教育和培训形成互补。这些课程通常遇到与非正规和非正式学习相同的难题。因此，在一些国家，出于专业组织对能力的认可而进行的质量保证已成为强制性措施（Werquin, 2010）。

终身学习与工程领域非正规和非正式学习的质量保证

全世界正规教育的质量框架差异很大，这种差异延伸到继续教育、终身学习，以及非正规和非正式学习。即使在不同国家，考虑到国家立法和专业协会的要求，行业对于终身学习，以及非正规和非正式学习的标准和要求也可能有所不同。此外，全球继续工程教育的资金来源和驱动因素也有很大差异。相关例子如下所示：

● 在中国，人力资源和社会保障部制定了继续工程教育的要求，并资助中国继续工程教育协会（CACEE）[②] 为全国的工程师和专业技术人员开发和提供课程；培训是必须参加的，培训周期是固定的。

● 在美国，颁发工程师执照的专业协会制定了继续工程教育的要求，但课程和方案是由高等教育机构、政府机构或雇用工程师的公司开发和提供的。

● 在欧盟，欧盟委员会资助大学或其他组织参与开发和提供课程和方案相关的项目。

---

① 专业人员名单参见：https://www.feani.org/feani/membership-list-0

② 若想获取更多中国继续工程教育协会相关信息，请访问：www.cacee.org.cn [中文]

这种全球多样性对工程师来说是个问题，因为它限制了流动性和职业资格的通用性（FEANI, 2018）。

专业协会的作用

正如 Markkula（1995）所指出的，专业工程协会和组织有责任为工程师提供终身学习，并对其进行认证。爱尔兰针对专业人员的持续专业发展认证计划，旨在通过鼓励和认可工程师的良好实践来支持其终身学习。工程师每年至少有五天的正规学习时间[①]。马来西亚工程师协会实施了一项认可制度[②]。每位工程师每年必须至少接受 50 小时的培训。澳大利亚认证制度与马来西亚相同，因为这两个国家都属于亚太经合组织（APEC），加拿大、中国香港、日本、新西兰、菲律宾、韩国、泰国和美国等国家或地区也有相同的认证制度。这些国家或地区于 2001 年决定采用持续专业发展认证计划（悉尼协议），大多数国家或地区已经付诸行动[③]。

美国工程与测量考试委员会（NCEES）定期对持续专业能力进行认证[④]。

政府的作用

世界各国政府在提供不同类型的资金和支持方面的作用各不相同。就立法框架而言，有的政府可以制定针对持续专业发展和终身学习的法律，将持续专业发展和终身学习作为大学开展研究、培养大学生和研究生的工具；有的政府则不然。在这方面，一个反复出现的政治论据是，人力资本投资对经济增长和社会发展至关重要，将有助于保持全球竞争力（EUCEN, 2019）。

行业的作用

大学与行业之间的关系对于终身学习至关重要。各行业通常了解员工所需的能力和知识，并敏锐地寻找这类潜在员工。行业进一步为员工的培训和教育提供资金，员工因此获得新的知识和技能。大学的核心是发现新知识和提供学习机会，这两者都是行业所期望的。因此，成功的终身学习取决于双方的良好沟通。

评定终身学习及非正规和非正式学习质量的框架

大学采用两种模式来认证工程领域的持续专业发展。基于以下所述的两种模式，各行业还按各自的流程认证和评估持续专业发展，以及发展模式或课程：

● 第一种模式采用自我评估系统对工程师持续专业发展中心和施教者进行认证。认证会持续一段时间，目的是进行质量管理和持续改进。在此期间，这些中心的管理人员和持续专业发展培训组织可以使用经评估的质量等级进行认证，将其作为附加值写在年报中，供教务长或校长等利益攸关者参阅。该认证也可用作潜在工程参与者的质量保证标志。

● 第二种模式是对单个培训或发展模式进行认证，与经认证的实施者的培训类似，目的都是为工程师提供帮助。

两种模式在世界范围内都有应用，其选择取决于成本、企业文化和工程师本身，以及法规和既定程序[⑤]。国际继续工程教育协会（IACEE）的质量计划（QP）是此类中心认证的一个例子[⑥]。该模式

[①] 若想获取更多持续专业发展活动相关信息，请访问：https://www.engineersireland.ie/Professionals/CPD-Careers/CPD-activities

[②] 若想获取更多持续专业发展相关信息，请访问：www.myiem.org.my/content/cpd-250.aspx

[③] 请访问：www.engineersaustralia.org.au/Training-And-Development/MYCPD

[④] 若想获取更多美国工程与测量考试委员会信息，请访问：https://ncees.org

[⑤] 若想获取欧盟 / 美国亚特兰蒂斯项目的例子，请访问：http://daete.up.pt

[⑥] 若想获取更多信息，请访问国际继续工程教育协会继续教育质量计划：www.iacee.org/iacee\u quality\u program.php

4

的提出是基于欧洲质量管理基金会（EFQM），目的是通过自我评估、外部认证或评估机构来提高中心质量（Wagenaar and Gonzalez, 2018）。

结论

将传统的本科和研究生阶段正规工程教育的新方法与本节所述方法相结合，有助于培养出具有全球竞争力的工程师。在当今瞬息万变的复杂世界中，仅靠这些方法本身是不够的。有必要将非正规和非正式的学习融入工作中，以便将持续学习、反思和运用所学知识作为工程师或工程技术人员日常生活的一部分，从而在全球实现可持续发展目标。通过与其他组织开展合作，联合国教科文组织的领导者们应该使未来的劳动力有再教育和自我充实的机会。

建议

下文简要阐述了需要进一步工作的三项建议。鉴于全球范围内新知识的产生速度越来越快，以下建议必须灵活运用，便于修改。

1. 创建一个全球工作组。 建议召开一个由学术界和行业组成的全球工作组，以发掘和收集工程人员和相关领域终身教育的现有做法。美国国家工程院的一份报告（Dutta, Patil and Porter, 2012）首次阐明了这一说法。此外，全球工作组还可以推荐某一方法和流程，借此可以获取、评定、共享工程领域的终身学习学分，并得到全球管理机构的认可。这一流程应侧重于工程和相关领域所需的终身教育标准。如果联合国教科文组织与中国继续工程教育协会、国际继续工程教育协会、美国工程教育学会（ASEE）和欧洲工程教育学会（SEFI）等主要工程专业协会合作，呼吁成立这样一个组织，那么此类工程专业协会也将通过行动做出回应。

2. 减少或消除现实存在的认知障碍。工作组需要考虑影响实现全球范围内公认的终身工程教育实践的现实存在的认知障碍，并确定潜在的解决方案。其中一些挑战包括：

——世界范围内公认的一致要求；以及

——全球范围内继续工程教育的融资机制，而不是企业或政府的支持。

3. 以下想法可能成为未来的潜在解决方案：

——区块链凭证存储；

——类似于欧洲国家工程协会联盟的工程卡；

——终身教育的新商业和教学模式。

4. 制定全球策略，设计关联的记分卡。分享和认可继续工程教育的全球政策可以通过对话和提议的方式分步落实。设计记分卡的目的是协助跟进工作组实现目标、落实建议的进展。记分卡将为建议提供内容和背景，确保全部国际劳动力参与反馈和行动。

致谢

作者非常感谢以下人员为本研究提供信息：Wu Xiujun and Li Chunyan（中国继续工程教育协会）、Kim Scalzo（美国纽约州立大学）和 Hyongkwan Kim 教授（韩国延世大学）。

参考文献

Bahl, A. and Dietzen, A. (eds). 2019. *Work-based learning as a pathway to competence-based education. A UNEVOC Network Contribution*. Bonn: Federal Institute for Vocational Education and Training. www.bibb.de/veroeffentlichungen/de/publication/download/9861

Bughin, J. Hazan, E., Lund, S., Dahlstrom, P., Weisinger, A. and Subramaniam, A. 2018. *Skill shift: Automation and the future of the workforce*. McKinsey Global Institute. https:// www.mckinsey.com/featured-insights/future-of-work/skill-shift-automation-and-the-future-of-the-workforce

CEDEFOP. 2014. *Terminology of European education and training policy: A selection of 130 terms* (2nd edn). European Centre for the Development of Vocational Training.Luxembourg: Publications Office of the European Union. www.cedefop.europa.eu/EN/Files/4117_en.pdf

Delong, D.W. 2004. *Lost knowledge: Confronting the threat of an aging workforce*. New York: Oxford University Press.

Dubouloz, C. 2016. La Suisse, pays de l'apprentissage [Switzerland, country of learning], *Le Temps*, 27 December (In French.). www.letemps.ch/suisse/suisse-pays-lapprentissage

Dutta, D., Patil, L. and Porter, J.B. Jr. 2012. *Lifelong Learning Imperative in Engineering. Sustaining American Competitiveness in the 21st Century*. National Academy of Engineering. Washington, DC: National Academic Press. https://www.nap.edu/read/13503/chapter/1

EUCEN. 2019. European Report Summary: THENUCE – Thematic Network in University Continuing Education'. EUCEN Studies Files. Barcelona, Spain: European University Continuing Education Network. https:// eucenstudies.files.wordpress.com/2019/01/eucen_thenuce_summary29jan19.pdf

Europortfolio. 2015. *Europortfolio competency recognition framework*. http://www.eportfolio.eu/resources/contributions/europortfolio/competency-framework

FEANI. 2018. *A system for validation of NFIF learning of engineers (NFIF)*. Brussels: Fédération Européenne des Associations Nationales des Ingénieurs.

Feutrie, M. 2012. The recognition of individual experience in a lifelong learning perspective: Validation of NFIF learning in France. *Lifelong learning in Europe,* Vol. 13, No. 3, pp. 164–171.

Jenkins, J.A. 2019. An aging workforce isn't a burden. It's an opportunity. World Economic Forum. www.weforum.org/agenda/2019/01/an-aging-workforce-isnt-a-burden-its-an-opportunity

Krupnick, M. 2016. U.S. quietly works to expand apprenticeships to fill white-collar jobs. With other countries' systems as a model, apprenticeships have started to expand. *The Hechinger Report*, 27 September. https://hechingerreport.org/u-s-quietly-works-to-expand-apprenticeships-to-fill-white-collar-jobs

Markkula, M. 1995. The role of professional organizations in developing systems for lifelong learning. *Industry and Higher Education*, Vol. 9, No. 4, pp. 227–235.

Munro, D. 2019. *Skills, training and lifelong learning*. Key Issues Series 1. Ottawa, ON: Public Policy Forum. https://ppforum.ca/wp-content/uploads/2019/03/SkillsTrainingAndLifelongLearning-PPF-MARCH2019-EN.pdf

OECD. 2017. *OECD employment outlook*. Organisation of Economic Co-operation and Development. Paris: OECD Publishing. https://read.oecd-ilibrary.org/employment/oecd-employment-outlook-2017_empl_outlook-2017-en#page2

Pardo, F. 2016. El Acceso de los Ingenieros al Ejercicio de la Profesion en los Principales Paises [Access of Engineers in the Exercise of the Profession in Main Countries]. Madrid: Federación de Asociaciones de Ingenieros Industriales de España (FAIIE). www.icai.es/articulo-revista/el-acceso-de-los-ingenieros-al-ejercicio-de-la-profesion-en-los-principales-paises (In Spanish.)

Roebuck, K. 2019. 5 ways blockchain is revolutionizing higher education. *Forbes*, 2 January. www.forbes.com/sites/oracle/2019/01/02/5-ways-blockchain-is-revolutionizing-higher-education/#3810c06a7c41

Schwab, K. 2017. *The Fourth Industrial Revolution*.New York, NY: Crown Business.

Schwartz, J., Hartfield, S., Jones, R. and Anderson, S. 2019. Redefining work, workforces and workplaces. *Deloitte Insights*. www2.deloitte.com/insights/us/en/focus/technology-and-the-future-of-work/redefining-work-

workforces-workplaces.html

Singh, M. 2015. *Global perspectives on recognising non-formal and informal learning. Why recognition matters.* Hamburg, Germany: UNESCO Institute for Lifelong Learning. Springer Open. https://unesdoc.unesco.org/ark:/48223/pf0000233655

Wagenaar, R. (ed.). 2018. *Measuring and Comparing Achievements of Learning Outcomes in Education in Europe (CALOHEE).* Groningen, Germany: University of Groningen.

WEF. 2016. *The Future of Jobs. Employment, skills and workforce strategy for the Fourth Industrial Revolution.* World Economic Forum. www3.weforum.org/docs/WEF_Future_of_Jobs.pdf

WEF and BCG. 2018. *Towards a reskilling re volution: A future of jobs for all.* World Economic Forum and Boston Consulting Group. www3.weforum.org/docs/WEF_FOW_Reskilling_Revolution.pdf

Werquin, P. 2010. *Recognising non-formal and informal learning: Outcomes, policies and practices.* Paris: OECD Publishing.

4

José Vieira和Eli Haugerud[①]

4.3
工程师的持续
专业发展

----

① 欧洲监测委员会（EMC）主席，欧洲工程师协会联
盟（FEANI）成员。

摘　要

技术革新这一挑战离不开有技术和有能力的工程师，他们能够为实现联合国可持续发展目标做出贡献，并且能够努力寻求创新和可持续的解决办法。为了做到这一点，工程师应该不断地获得新的知识和技能，并更新其已有技能，以整合个人和团队能力。持续专业发展（CPD）在使工程师适应技术创新和新的工作方法以更好地履行其对社会的承诺方面发挥着根本作用。在这方面，工程专业资格认证制度在世界范围内认可工程资格和专业能力至关重要，因为它规定了对知识、技能和能力的最低要求。

影响工程师的趋势和挑战

工程师有可能通过创新和基于解决方案的方法实现 17 项可持续发展目标（UN, 2020）。为了能够为未来的环境做出贡献，工程师需要更新他们在技能、知识和经验方面的能力（国际继续工程教育协会[①]）。工程领域的许多基础知识都没有改变，但工程师自身以及整个工程专业都需要具备其他能力，应对未来趋势。加上移民的增加（EC, 2017; Trevelyan and Tilli, 2011），这些都与评估可持续未来所需的能力息息相关。

还有一些大趋势与工程师和工程人员的作用有关。这些趋势是自动化、人工智能（AI）和数字化（CEDEFOP, 2020a）。数字化可能催生新的工作和学习形式，如平台或零工，或是基于远程信息和通信技术的工作（CEDEFOP, 2020b）。数字化将把工程实践转变为一种网络化、数据驱动和人工智能化的新范式。

因此，工程师的角色将发生变化，并最终在能

力等级中处于更高或更低的位置，这可能导致劳动力市场两极分化和技能不匹配。

为了在这个不断变化的世界中保持专业能力，工程师必须不断获得新的知识和技能，并更新其现有技能，以整合个人和团队能力（WEF and BCG, 2018）。持续专业发展可以定义为在专业环境中有意识地保持和发展所需的知识和技能。这可能意味着磨炼现有技能或将其发展到一个新的水平，也可能意味着学习新技能以发挥更大作用，或为潜在的晋升做好准备（CPD, 2020）。工程师的持续专业发展包括获取新的能力以增强实力，以及增强现有能力以跟上不断发展的技术及其应用。值得注意的是，持续专业发展不仅仅是为了更新和提升工程师的技术知识和技能，也是为了加深对可持续发展及其目标的理解，以及促进对伴随工程师的流动和技术发展而演变的道德规范的认识。

如何追求持续专业发展

持续专业发展对维持高专业水准至关重要，它提高了工程师个人的就业能力和流动性。持续专业发展有助于职业发展和提高职业满意度。个人有责任追求持续专业发展，但这需要雇主、专业机构和院校的配合、鼓励和支持。为了达到最佳效果，必须对持续专业发展进行规划，并与具体目标相关联。反思自己所学到的知识对于个人的能力发展计划（CDP）的定期更新是至关重要的。

为了促进持续专业发展，国家机构和主管部务必要强调，合格专业工程师在经济增长和社会发展中的关键作用。必须鼓励公司、大学、专业组织和其他工程单位投资于持续专业发展。必须鼓励高质量的持续专业发展以及学习中的创新实践，并展示良好的范例和最佳实践，以帮助他人找到追求持

[①]　国际继续工程教育协会官方网站：https://www.iacee.org/

续专业发展的相关方法（FEANI, 2020）。

为了保持和发展专业能力，工程师们一直都需要持续专业发展。因此，鼓励工程师：

● 认识到持续专业发展对他们的职业生涯、就业能力和流动的重要性，以及他们在整个职业生涯的各个年龄和阶段的职业满意度和幸福感。

● 积极参与专业和个人发展，并投资于持续专业发展。在个人层面，制定一个能力发展计划和一个宽泛的职业目标。

● 与雇主协商一个切实可行的持续专业发展计划，系统地培养能力，以确保良好地执行任务并促进职业发展。

● 积极努力实现持续专业发展计划。系统地记录持续专业发展活动和成就，以便能够证明保持和 / 或发展专业能力，如果需要，可以评估和认证所获得的能力。

● 运用各种方法提高个人持续专业发展的质量，如正式课程 / 项目、学术研究、专业访问、在职学习。

在那些必须进行强制注册才能参加专业工程活动的国家，认可和重视工程师在保持其专业地位方面的持续专业发展成就已经非常普遍。一般来说，评估是通过不同类型的活动（发展性活动、基于工作的活动和个人活动）获得的持续专业发展学分来完成的（美国土木工程师协会[①]；澳大利亚工程师协会[②]；南非工程委员会[③]；印度工程委员会[④]；英国工程委员会[⑤]）。

[①]　美国土木工程师协会官方网站：https://www.asce.org/continuation-education/

[②]　澳大利亚工程师协会官方网站：https://www.engineersaustralia.org.au/

[③]　南非工程委员会官方网站：https://www.ecsa.co.za/default.aspx

[④]　印度工程委员会官方网站：https://www.ecindia.org/

[⑤]　英国工程委员会官方网站：https://www.engc.org.uk/professional-development/continuent-professional-development-cpd

工程专业认证体系

作为一个将国家的资格划分为不同级别的工具，国家资格框架（NQFs）已被世界各国采用。为了比较国家间技能和资格，还大力建立了区域资格框架（CEDEFOP/ETF/UNESCO/UIL, 2020）。然而，建立工程专业技能和能力的国际认可机制还有很长的路要走。

通常，通过政府机构或专业协会的认可，可以在国家一级确保工程教育的质量。然而，由于教育、社会和政治原因，在国际一级认可工程学位是一个复杂和高度敏感的问题，因而阻碍了专业人员的流动。即使在欧盟等政治高度一体化的地区，在相互承认学历方面仍然存在很大困难。

专业协会已通过多边协议，如欧洲工程教育认证网络[⑥]和国际工程联盟[⑦]，成功地发起了一些促进相互认可的倡议。

全世界都在努力建立继续工程教育方案。包括面对面或在线课程在内的多种教学方法，应用在不同地区的终身学习活动：如欧洲和美国（Dutta, Patil and Porter, 2012）、非洲（Kirkland, Vitanov and Schaefer, 2007）、中国和印度（Li, 2012; Singh, Sarkar and Bahl, 2018）。然而，目前还没有一个标准的全球认证流程，对工程师持续专业发展的质量和整合进行相互认可。

劳动力市场的全球化、学生和工人的流动性、移民的增加、自动化、数字化、劳动力市场的两极分化和技能不匹配是全球工程领域为实现可持续发展目标而面临的一些挑战。在这方面，制定和实施工程专业认证体系（EPCS）对于通过对工程专业知识、技能和能力规定最低的要求，在全世界范围内认可

[⑥]　欧洲工程教育认证网络官方网站：https://www.enaee.eu/

[⑦]　国际工程联盟官方网站：https://www.ieagreements.org/

工程资格和专业能力具有极其重要的意义。

想要成为一种公认的、有效的和实用的机制，工程专业认证体系必须尊重国家间和国际上已经建立的体系，并相信在工程教育、专业能力、持续专业发展和终身学习这三大方面的质量保证。工程专业认证体系详情见框1。

框1 工程专业认证体系（EPCS）

工程专业认证体系的特征：

● 工程教育和专业经验相结合，以达到所需的工程能力水平。

● 工程专业认证体系必须以质量保证和价值观为基础。

● 工程师最初通常在大学、应用科技大学和技术学院接受正规教育，可以采取第一周期课程、第二周期课程或综合课程的形式，这些课程要么涉及应用，要么涉及概念/理论。

● 专业能力并不描述个人的学习过程，但假设学习已经发生。这可能因为选择了不同的非正规和非正式学习途径。为了进行测量/评估，有必要展示学习成果。

● 学习成果和能力与持续专业发展相整合，且必须对学习成果和能力进行评估和验证。

工程专业认证体系的重要性：

● 它规定了工程专业知识、技能和能力的最低要求。

● 它有助于在全球范围内相互认可工程教育和工程专业能力。

● 在经济全球化日益加深、技术不断进步的背景下，专业人员在共享和公认的体系下的流动性得以促进。

● 它尊重国内和国际上的既定制度。

建议

● 致力于发展和实施工程专业认证体系，这对于促进持续专业发展和世界范围内对工程资格和专业能力的认可至关重要。

● 鼓励雇主在创新和可持续解决方案方面对工程师的持续专业发展进行投资，以确保其员工紧跟时代，确保公司掌握最新技术。

● 鼓励工程师在持续专业发展中发挥积极作用，以确保其就业能力和流动性。

参考文献

CEDEFOP. 2020a. *Assessing the employment impact of technological change and automation: the role of employers'practices*. European Centre for the Development of Vocational Training. www.cedefop.europa.eu/en/publications-and-resources/publications/5579

CEDEFOP. 2020b. *Digitalisation, AI and the future of work*. European Centre for the Development of Vocational Training. www.cedefop.europa.eu/en/en/events-and-projects/projects/digitalisation-and-future-work

CEDEFOP/ETF/UNESCO/UIL. 2020. Global inventory of regional and national qualifications frameworks. European Centre for the Development of Vocational Training / European Training Foundation / United Nations Educational, Scientific and Cultural Organization / UNESCO Institute for Lifelong Learning. www.cedefop.europa.eu/en/publications-and-resources/publications/2224-0

CPD. 2020. What is CPD? The CPD Standards Office official website: www.cpdstandards.com/what-is-cpd

Dutta, D., Patil, L. and Porter, J.B. Jr. 2012. *Lifelong Learning Imperative in Engineering. Sustaining American Competitiveness in the 21st Century*. Washington, DC: The National Academies Press. https://www.nap.edu/read/13503/chapter/1

EC. 2017. 10 trends shaping migration. European Political Strategy Centre. Brussels: European Commission. https://ec.europa.eu/home-affairs/sites/homeaffairs/files/10_trends_shaping_migration.pdf

FEANI. 2020. *Policy Guidelines*. European Federation of Engineering National Associations. www.feani.org/feani/cpd/policy-guidelines

Kirkland, N., Vitanov, V. and Schaefer, D. 2007. An investigation into utilizing current information technologies to provide engineering education to sub-Saharan Africa. Conference Paper. *International Journal of Engineering Education*, Vol. 24, No, 2.

Li, W. 2012. The status and developing strategy of China's Continuing Engineering Education. *Procedia Engineering*, Vol. 29, pp. 3815–3819.

Singh, S. Sarkar, K. and Bahl, N. 2018. Fourth Industrial Revolution, Indian labour market and Continuing Engineering Education. *International Journal of Research in Engineering, IT and Social Sciences*, Vol. 8, No. 3, pp. 6–12.

Trevelyan, J. and Tilli, S. 2011. *Effects of Skilled Migration: Case Study of Professional Engineers*. www. researchgate.net/publication/246026580

UN. 2020. *United Nations Sustainable Development – 17 Goals to Transform Our World*. United Nations. https://www.un.org/sustainabledevelopment

WEF and BCG. 2018. *Towards a reskilling revolution: A future of jobs for all*. World Economic Forum and Boston Consulting Group. www3.weforum.org/docs/WEF_FOW_Reskilling_Revolution.pdf

4

5.
工程领域的
区域趋势

Inked Pixels/Shutterstock.com

袁 驷[①]

5.1

主要跨区域趋势

① 清华大学教授，联合国教科文组织国际工程教育中心（ICEE）执行主任。

5

摘　要

尽管工程是可持续发展的重要组成部分，但难以准确衡量其贡献。本节探讨了当今工程领域的跨区域趋势和未来可持续发展方面的挑战。各大洲对工程技术和工程教育的需求各不相同。本节描述了区域层面工程技能和教育机会方面的差异，并明确了工程专业发展的关键领域，以促进工程技术能力建设，实现可持续发展目标中区域层面的具体目标。

工程与可持续要求保持一致，促进工程专业人员流动需要全球努力

联合国《2030 年可持续发展议程》围绕可持续发展目标（SDGs）将世界团结在一起，以实现经济繁荣、社会包容和环境可持续的综合愿景。工程师和工程教育是实现 17 个可持续发展目标和大部分可持续发展指标的基础。世界工程组织联合会与联合国教科文组织 2018 年 3 月签署的《巴黎宣言：通过工程推动联合国可持续发展目标》，阐明了工程促进可持续发展的承诺（WFEO-UNESCO，2019）。

世界工程组织联合会（WFEO）是全球工程界的最高机构，代表了近 100 个国家和 3,000 多万名工程师。世界工程组织联合会致力于通过工程推动联合国《2030 年可持续发展议程》，这将通过其合作伙伴和成员正在实施的《世界工程组织联合会 2030 年工程计划》（以下简称《2030 年工程计划》）来实现（框 1）。

框 1　世界工程组织联合会旨在促进工程师流动的项目

根据《2030 年工程计划》，世界工程组织联合会启动了一个名为"工程教育系统能力建设、认证和注册，满足世界各地工程师的需求"的项目。世界工程组织联合会正与国际工程联盟（IEA）、国际工程教育学会联盟（IFEES）、联合国教科文组织二类中心——国际工程教育中心（ICEE），以及其他跨区域工程协会合作，以确保工程教育的包容性，并协调工程职业标准，这是工程师全球流动的先决条件。

资料来源：WFEO，2018

工程专业组织在跨区域伙伴关系和工程能力建设中发挥日益重要的作用

长期以来，工程界一直重视通过本土到全球范围的专业协会建立伙伴关系。广泛的互联互通愿景使得各国和各区域能够通过协调一致的努力，分享知识、技能、专长和资源，以实现发展目标。工程专业组织在建立跨区域工程能力建设伙伴关系和网络方面发挥了重要作用。

以工程专业组织为媒介，工程技术领域的国际合作，例如南北合作、南南合作和多方合作（框 2）具备了多样性基础。具有里程碑意义的是，1978 年 138 个联合国成员国在阿根廷通过了《促进和实施发展中国家间技术合作的布宜诺斯艾利斯行动计划》（BAPA），开创了最不发达国家间南南合作（SSC）的先河（UN，1978）。今天，工程能力建设方面的合作，特别是基础设施的互联互通，在实现可持续发展目标方面获得了新的核心地位。许多工程能力建设伙伴关系的实践表明，教育、政府、行业和社会的四螺旋协作模式，在分享价值观、知识、经验、技术和动员资源方面非常有效。南方国家越来越多通过区域性和国际性的中心促进跨区域合作。特别是亚洲和非洲国家，自 21 世纪初以来，都扩展了其合作网络。

框 2 南南合作国际科学、技术与创新中心

南南合作国际科学、技术与创新中心（ISTIC）是一个位于马来西亚吉隆坡的联合国教科文组织二类中心，于 2008 年在联合国教科文组织的主持下成立。该中心是发展中国家在科学技术（S&T）和创新方面开展南南合作的国际平台。南南合作国际科学、技术与创新中心旨在促进发展方法与国家科学技术和创新政策的融合，提供政策咨询，促进经验和最佳做法的交流，在发展中国家建立解决问题的人才中心网络，支持发展中国家之间的学术和专业流动。

资料来源：ISTIC，2019

框 3 "一带一路"倡议（BRI）/全球伙伴关系

"一带一路"倡议（BRI）与东盟《互联互通总体规划》、非洲联盟《2063 年议程》、欧亚经济联盟、欧盟《欧亚互联互通战略》等区域发展规划和合作倡议建立了紧密联系。此外，包括但不限于开发计划署、教科文组织、儿童基金会和工业发展组织在内的几个联合国机构很早就将自己定位为"一带一路"倡议国家级战略伙伴关系的一部分。根据世界银行的数据，"一带一路"倡议参与国的国内生产总值（GDP）将增长 3.4%，世界国内生产总值将增长 2.9%（De Soyres, Mulabdic and Ruta, 2019）。截至 2019 年 12 月，"一带一路"倡议涵盖 136 个国家和 30 个国际组织，在 2013 到 2018 年期间为东道国创造了超过 30 万个就业岗位、超过 6 万亿美元的贸易额和超过 20 亿美元的税收（Belt and Road Portal, 2019）。

投资增长和工程进步加速世界各地基础设施建设

工程通过支撑基础设施建设，为可持续发展赋能。这既涉及电力、运输和电信等经济基础设施，也涉及灌溉、卫生和住房等社会基础设施。

过去十年，基础设施的投资增长，特别是对基础设施互联互通的投资，已成为一个主要的全球趋势。基础设施与发展之间的联系已经建立得很好：基础设施的改善既推动了生产力，又使发展成果的分配更平等；相反，基础设施的不足则会阻碍发展和公平（Bai et al., 2010; Cigu et al., 2019; Estache and Wodon, 2014; Kessides, 1996; Rudra et al., 2014; UNOSAA, 2015）。例如，为了保持亚洲的增长势头，解决贫困问题和应对气候变化，到 2030 年，亚洲在基础设施发展方面的投资估计将超过 26 万亿美元或每年 1.7 万亿美元（ADB, 2017）。然而，在非洲，快速和显著的人口增长对经济、社会和自然环境提出了越来越高的要求，基础设施的发展却异常缓慢。"一带一路"倡议（BRI）通过基础设施建设、交通运输、贸易以及人文交流，增强了物资、数字、金融和社会文化的互联互通（见框 3）。

可持续科学与工程兴起

为应对全球挑战，可持续发展科学领域的学术研究在 21 世纪有了长足的发展（Bettencourt and Kaur, 2011）。特别是以下四个有利趋势对可持续发展科学和工程尤为重要：

● 跨学科、交叉学科和学科间的知识正在打破传统的界限，催生出一种更全面的方法。

● 创业是一种能力，主要以技术企业创业为主，综合理论、实践和政策要素创造涉及多领域的知识，以此来增加价值。

● 多样性的概念正在扩展到所有人，不仅涉及传统弱势群体（如按性别和/或社会经济背景划分），而且还涉及个人特征，如身体状况、族裔和文化特征。

● 人类福祉和生态福祉是同一枚硬币的两面。为了避免生态系统向有害的、不可逆转的"态势转变"，工程学正在采用一种更加细腻、全面和谨慎的方法来应对人类对地球自然环境的改变。

这些趋势正在推动工程为可持续发展服务，扩大其学科、领域和实践的范围和规模；它们还促进工程与其他科学和艺术之间的更多融合，推动可持续发展。例子见框 4。

根据《柳叶刀》杂志的《健康城市：释放城市力量，共筑健康中国》报告（Yang et al.,2018），健康城市是指健康的身体和涉及多个方面的社会协作，从而保障广大市民的住房、幸福和健康，以及确保获得自然资源、接触文化遗产，等等。该报告倡导以健康为导向的城市发展理念，以此作为应对中国以及其他发展中国家和发达国家许多人口密集地区加快的城市发展所引发的城市健康挑战的核心方法。报告特别敦促城市规划者"从城市规划出发，将健康纳入所有政策考量，增加公众参与，制定适当的地方目标，定期评估进展情况，加强对健康城市的研究和教育"。该报告是可持续发展科学与工程的典范，由清华大学官鹏教授领导的委员会编写，该委员会是由来自世界各地的45名学者和专家组成的跨学科团队，其中包括但不限于国家卫生健康委员会、世界卫生组织（WHO）和加利福尼亚大学。

吸引力下降了。除数据缺失的国家，如中国和印度外，现有数据表明，自2013年以来，尽管工程专业的在学人数仍在增加，但其排名已从第二位下降到第三位（图3）。这可能意味着一些学生不选择学习工程专业。

工程能力的区域差距不断扩大

工程能力建设的一个关键指标是研发（R&D），其含义是努力开发新产品或改善现有产品或服务。世界各地区在研发的支出和人力资源方面存在明显差距。这种研发方面的差距在过去十年中不断扩大（UIS,2019）（图1）。图1中圆圈的直径代表国家和地区研发支出数额，以美元购买力平价（PPPs）计算。靠近图表底部的国家和地区，每百万居民中研发人员的数量较少。大多数非洲国家和地区都靠近底部。

发展中国家工程人才持续短缺

全球经济结构的变化导致工业和服务业的劳动力市场规模和范围扩大（图2）。科学技术的飞速发展是主要动力之一，也是第四次工业革命的基础。工程人才是满足日益增长的劳动力市场需求的关键。

然而，由于缺乏专业工程师，这些需求无法得到充分满足。尽管世界大部分地区的高等教育规模不断扩大，但在许多国家，工程作为年轻人职业选择的

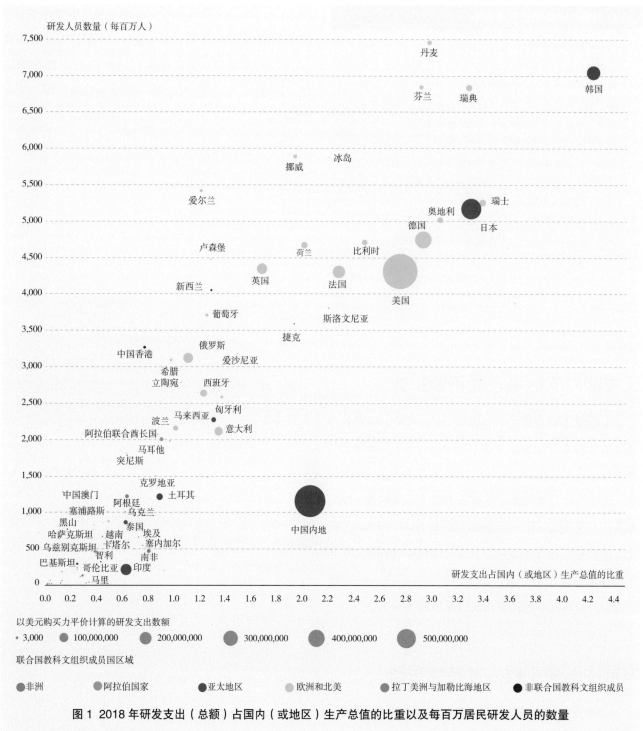

研发人员数量（每百万人）

研发支出占国内（或地区）生产总值的比重

以美元购买力平价计算的研发支出数额

· 3,000　　 100,000,000　　 200,000,000　　 300,000,000　　 400,000,000　　 500,000,000

联合国教科文组织成员国区域

非洲　　　阿拉伯国家　　　亚太地区　　　欧洲和北美　　　拉丁美洲与加勒比海地区　　　非联合国教科文组织成员

图1　2018年研发支出（总额）占国内（或地区）生产总值的比重以及每百万居民研发人员的数量

资料来源：UIS and ICEE, 2019

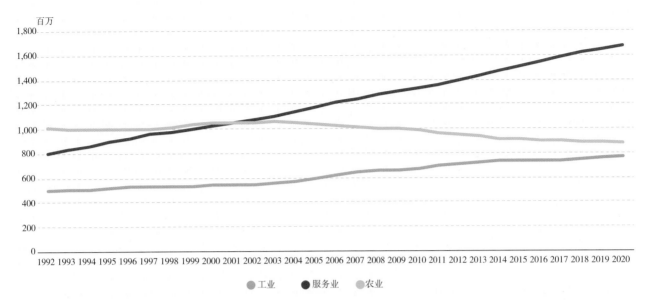

图 2 1992—2020 年国际劳工组织按部门划分的就业情况估计

注：该数据包括 1992—2018 年的真实数据和估算数据，以及 2019—2020 年的预测数据。估值可能与国家官方数据不同。
资料来源：ILO, 2019

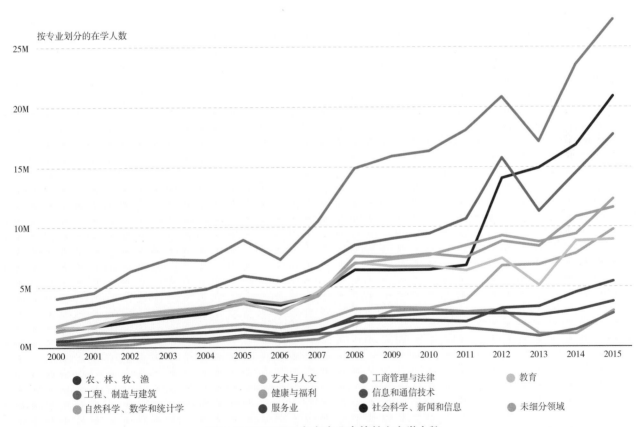

图 3 2000—2015 年各专业高等教育在学人数

注：本可视化图表仅基于可用数据，不包含中国与印度等国家相关数据。
资料来源：UIS and ICEE, 2018

建议

1. 加强所有类型的跨区域、区域和次区域合作，以建设符合可持续发展要求的工程能力，包括重点关注所有可持续发展目标的工程层面、包容性标准、工程师的流动性以及工程和教育的关系。

2. 在全球特别是在发展中国家，扩大和创新工程教育，通过终身学习和培训，提高所有工程师的可持续发展能力。

3. 建立多样性工程体系，鼓励年轻人特别是女性从事工程事业。为所有工程师尤其是女性工程师提供支持，使其终身从事工程事业。

4. 通过推动工程基础设施建设的包容性，保障人类福祉和生态恢复能力。

5. 建立可持续发展的专业工程组织，以支持和最大限度地发挥工程潜力，包括通过工程报告发展数据、监测和问责能力。

参考文献

ADB. 2017. *Meeting Asia's infrastructure needs.* Mandaluyong City, Philippines: Asian Development Bank. www.adb.org/publications/asia-infrastructure-needs

Bai, Chong-En and Qian, Yingyi. 2010. Infrastructure development in China: The cases of electricity, highways, and railways. *Journal of Comparative Economics*, Vol. 38, No. 1, pp. 34–51.

Belt and Road Portal. 2019. BRI facts and figures. https://www.beltroad-initiative.com/factsheets

Bettencourt, L.M.A. and Kaur, J. 2011. Evolution and structure of sustainability science. *Proceedings of the National Academy of Sciences of the United States of America (PNAS)*, Vol. 108, No. 49, pp. 19540–19545. https://www.pnas.org/content/108/49/19540

Cigu, E., Agheorghiesei, D.T., Gavriluta, V., Anca, F. and Toader, E. 2019. Transport infrastructure development, public performance and long-run economic growth: A case study for the EU-28 countries. *Sustainability*, Vol. 11, No. 1, p. 67. www.mdpi.com/2071-1050/11/1/67

De Soyres, F., Mulabdic, A. and Ruta, M. 2019. Common transport infrastructure: A quantitative model and estimates from the Belt and Road Initiative. *World Bank Policy Research Working Papers*. April. http://hdl.handle.net/10986/31496

Estache, A., Wodon, Q. and Lomas, K. 2014. *Infrastructure and Poverty in sub-Sahara Africa.* Plagrave McMillan US.

ILO. 2019. *World employment and social outlook.* Geneva: International Labour Organization. www.ilo.org/wesodata

ISTIC-UNESCO. 2019. About ISTIC. International Science, Technology and Innovation Centre for South-South Cooperation under the auspices of UNESCO. www.istic-unesco.org/index.php/features/module-positions

Kessides, C. 1996. A review of infrastructure's impact on economic development. In: D.F. Batten, and C. Karlsson (eds.). *Infrastructure and the Complexity of Economic Development.* Berlin: Springer, pp. 213–230.

Rudra, P.P., Mak, B.A., Neville, R.N. and Samadhan, K.B. 2014. Economic growth and the development of telecommunications infrastructure in the G-20 countries: A panel-VAR approach. *Telecommunications Policy*, Vol. 38, No. 7, pp. 634–649.

UIS. 2018. Data from UIS.Stat. UNESCO Institute for Statistics. http://uis.unesco.org/en/news/rd-data-release

UIS. 2019. Data from UIS.Stat. UNESCO Institute for Statistics. http://data.uis.unesco.org/index.aspx?queryid=74

UN. 1978. *Buenos Aires Plan of Action.* United Nations, 12 September. https://www.unsouthsouth.org/bapa40/documents/buenos-aires-plan-of-action/

UNOSAA. 2015. *Infrastructure development: Within the context of Africa's cooperation with new and emerging development partners.* United Nations Office of Special Adviser on Africa. www.un.org/en/africa/osaa/pdf/pubs/2015infrastructureanddev.pdf

WFEO. 2018. *WFEO Engineering 2030: A plan to advance the achievement of the UN Sustainable Development Goals through engineering.* Progress Report No. 1. A collaborative project of World Federation of Engineering Organizations with the Division of Science Policy and Capacity Building, Natural Sciences Sector, UNESCO. http://www.wfeo.org/wp-content/uploads/un/WFEO-ENgg-Plan_final.pdf

Yang, J., Siri, J.G., Remais, J.V., Cheng, Q., Zhang, H. *et al.* 2018. The Tsinghua–*Lancet* Commission on Healthy Cities in China: Unlocking the power of cities for a healthy China. *The Lancet*, Vol. 391, No. 10135. www.thelancet.com/commissions/healthy-cities-in-China

5

Milda Pladaitė[①] 和 Philippe Pypaert[②]

5.2
欧洲和北美

Engineering student experiment

① 英国土木工程师学会成员，世界工程组织联合会青年工程师／未来领袖委员会成员。

② 任职于联合国教科文组织北京办公室自然科学处。

实现可持续发展目标的进展和挑战

欧洲和北美国家[①]在可持续发展的许多领域，特别是在实现为民众提供更好生活条件的可持续发展目标方面，都取得了良好进展。然而，在其他领域，如向循环低碳经济过渡，仍要做很多工作才能实现可持续发展目标。

欧盟（EU）成员国和加拿大的目标是到2050年实现气候零负荷。在欧洲和北美，化石燃料补贴占国内生产总值的比例接近于零。欧洲和北美国家支持循环利用，通过循环经济倡议，如欧盟的《循环经济行动计划》[②]（European Commission，2020）或美国的《可持续材料管理》（SMM）[③]，在能源生产方面减少化石燃料资源的使用。

循环经济体系正在重塑高科技产业，许多行业都出现了产品可持续设计新方法。中高技术产业增加值所占的份额正在增加，占西欧、中欧和北美所有增加值的30%—50%（UNECE，2020）。这表明技术的发展进步以及培育新理念对经济的贡献程度。

新冠肺炎疫情严重影响了技术发展以及绿色和数字化转型。随之而来的健康危机是一项重大挑战，它对社会和经济也造成了重大影响。为此，欧盟批准了有史以来规模最大的一揽子经济复苏计划，其预算为1.8万亿欧元。一半以上的支出将分配到一些主要领域，如研发和创新、气候公正和数字化转型。性别平等也是一揽子投资的主要内容之一。[④]

各国已承诺大幅增加公共与私人研发支出，以加速实现可持续发展目标。该地区优先考虑研发，因为它有助于实现可持续、有竞争力和包容性的经济。尽管北美和西欧目前在研发支出方面处于领先地位，但以中国为首的亚洲国家可能很快就会超越它们。新兴经济体也在不断追加投资，增加研发人员的数量。欧盟企业约占规模最大的研发企业的20%，然而，其中的许多企业在采用数字技术方面，尤其是在建筑业和物联网技术方面落后（EIB，2020）。欧盟研发支出比重也在下降（European Commission，2017）：欧盟的平均值为2.0%，中国为2.1%，美国为2.8%，经济合作与发展组织为2.4%。自2011年以来，欧盟独角兽企业[⑤]仅占全球的11%，而美国占51%，中国占25%（European Round Table for Industry，2020）。

作为耗资1,000亿欧元的"欧洲地平线"研究和创新计划的一部分，欧盟委员会确定了五个重点关注领域：i）适应气候变化，包括社会转型；ii）癌症；iii）气候零负荷和智慧城市；iv）健康的海洋、沿海和内陆水域；v）土壤健康和食品。[⑥]

如下所述，除面临日益增长的环境问题，欧洲和北美的区域发展还迎来了数字转型机遇。这些趋势影响到工程教育和劳动力市场。要想了解规划中的新工作与当前的工程从业人员和预计进入就业市场的工程专业毕业生数量的匹配情况，需要准确和最新的统计数据。然而，欧洲各国以及欧洲和北美国家间尚无记录工程专业数据的通用方法。工程教育是高度多元的，工程活动是十分多样的。有鉴于此，以下事实和趋势分别针对加拿大、美国和欧洲国家。

[①] 由于目前形势的变化，所呈现的趋势和事实并没有考虑到新冠肺炎疫情带来的全部影响。

[②] 若想获取更多信息，请访问：https://ec.europa.eu/info/law/better-regulation/have-your-say/initiatives/12095-A-new-Circular-Economy-Action-Plan

[③] 若想获取更多信息，请访问：https://www.epa.gov/smm

[④] 若想获取协议的主要内容，请访问：https://ec.europa.eu/info/strategy/recovery-plan-europe_en#main-elements-of-the-agreement

---

[⑤] 独角兽企业指市值超过10亿美元的初创企业。

[⑥] 若想获取更多"欧洲地平线"计划相关信息，请访问：https://ec.europa.eu/info/horizon-europe_en

框 1　工程组织在定义工程和协调统计中的作用

欧洲不同国家的可得信息差异很大，因此在欧洲呈现工程相关的一致的统计数据是一项困难的任务，这体现在工程的定义、工程学科和测量数据的不一致。基于此，欧洲工程组织进行了一项关于土木工程师通用培训框架（CTF）的研究。据欧洲工程师理事会（ECEC）称，该项目的目的是允许具有专业资格的参与者（如欧盟成员国的专业组织和/或主管机关）提出工程专业通用培训原则（CTP）的建议，以期将通用培训原则发展成通用培训框架。这些建议是在对成员国进行摸底的基础上，并在与利益攸关者广泛协商后提出的。

该项目的结论是，不可能找到一种所有甚至绝大多数欧洲经济区（EEA）成员国都能接受的方法。尽管存在各种争议，但为了打破僵局，推动通用培训原则制定进程，大多数利益攸关者都希望这样做，因此提出了一些短期和长期方法。可首先在小部分成员国间推行土木工程师通用培训框架，立足长远，便可以找到一种为绝大多数欧洲经济区成员国所接受的通用方法。

资料来源：https://www.ecec.net/activities/commontraining-principles-for-engineers/news-log/

不断变化的工程劳动力市场

在世界各地，技术娴熟的专业人员需求量很大，在欧洲和北美的许多国家，工程师非常短缺。人口变化（例如欧洲和北美的人口老龄化）使当前情况更加恶化。

据欧盟委员会称，到 2030 年，向资源节约型、循环型、数字化和低碳经济的转变将为欧洲创造 100 多万个新就业岗位（European Commission, 2020a）。早在 2017 年，欧盟委员会报告称，招聘或试图招聘信息和通信（ICT）专家的欧盟企业中，有一半以上在填补信息和通信人才短缺方面存在困难。[①]

许多作者试图估计数字化对就业的影响，并预

[①] 欧盟统计局的统计解释：https://ec.europa.eu/eurostat/statistics-explained/index.php/ICT_specialists_-_statistics_on_hard-to-fill_vacancies_in_enterprises

测新创造的就业岗位与将被新技术取代的就业岗位之间的不同比率（European Parliament, 2018）。这清楚地表明，科学和工程专业人员可能会经历劳动力市场上最大的变革之一。例如，在能源转型期，预计这些专业人员的就业岗位消失（而不是岗位重新分配）的比率最高，吸纳下岗工人的新就业岗位最多，如图 1 所示。

一些国家正在从国外招聘工程师，解决了短期招聘问题，提高了公司的多样性、创造力和竞争力。然而，这并不能解决工程劳动力短缺的问题。

加拿大

加拿大统计局的报告显示，2017 年至 2018 年，专业、科学和技术服务行业的就业继续加速增长。这一行业的雇员人数增长了 4.5%，在十大行业部门中增长最快。同时，该行业的职位空缺率在 2017 年至 2018 年间有所上升（Statistics Canada, 2018）。年就业增长的一半来自高薪的计算机系统设计和相关服务行业，尽管它只占该领域就业人数的四分之一。这一行业也是该领域增长最快的行业，其次是科学研究和开发服务以及建筑、工程和相关服务（Statistics Canada, 2018）。

美国

根据美国劳工统计局的数据，从 2019 年到 2029 年，工程和建筑行业的就业预计将增长 3%，基本与所有职业的平均增长率一样快（U.S. Bureau of Labour Statistics, 2020）。预计土木工程师将占工程领域新就业岗位的 23%。机械和工业工程领域的就业预计也将增长。这两种职业可能占 2016 年至 2026 年间新增工程类工作岗位的 36%（U.S. Bureau of Labour Statistics, 2018）。

欧洲

从 2016 年到 2019 年，欧盟 25—64 岁的科学家

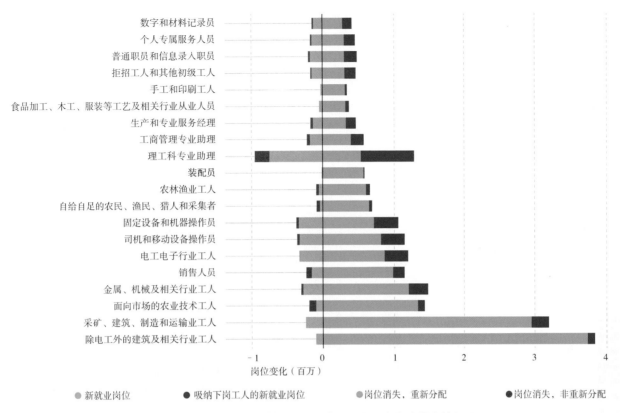

图 1 2030 年全球能源可持续发展背景下各行业需求最大的职业

注：到 2030 年，国际能源署（IEA）的可持续能源行业（2℃行业）和其他照常行业（6℃行业）之间的就业差异（ILO, 2018a）。有关方法的详细信息见国际劳工组织（ILO, 2018a, pp.39,172-170）。

资料来源：ILO, 2019. Skills for a greener future: A global view based on 32 country studies. Geneva: International Labour Office.

和工程师增加了 10%[①]，预计到 2018 年达到 1,720 万[②]，占欧盟科技从业人员总数的 23%。到 2030 年，雇主可能需要招聘的许多岗位对技能将有更高的要求。据预测，将出现最多（400 万）尚不存在的工作岗位，这些工作岗位（例如人工智能伦理学家）的出现通常得益于新技术，预计有 260 万个新工作岗位为科学和工程专业人员而设（McKinsey Global Institute, 2020）。

高等工程教育与终身学习发展趋势

教育是加速实现可持续发展目标的关键。总体大趋势如绿色和数字化转型，也正在重新塑造工程的未来和教育的需求。需要重新评估工程教育体系，向立足整体的、考虑工程创新和活动对环境和社会的影响的技术问题解决方向转型。

欧洲和北美越来越需要和认可具有跨学科能力的、面向未来的工程师。虽然工程师仍然是"技术问题解决者"，但他们更是沟通者和调解者。他们支持决策过程，接触各式各样的人群，如当地社区参与者，甚至是政策制定者。工程师应在多学科团队中工作，并有能力倾听所有利益攸关者的意见，

[①] 欧盟统计局：http://bit.ly/eu_scientists_engineers

[②] 欧盟统计局：http://bit.ly/number_of_scientists

将他们的观点整合到提议的解决方案中。对软技能（如能够适应变化、创造力和灵活性）的需求量很大，如图2所示。

绿色和数字化转型将需要新技术和流程的升级，包括建筑信息模型（BIM）、云计算、人工智能、3D打印、虚拟现实、物联网和区块链技术（EFCA，2018）。建立对社会负责任的通信网络和城市管理系统还需要发展多学科技术。① 欧洲和北美的工程专业毕业生和学徒人数正在增加，然而目前的增长率可能不足以与未来十年及以后创造的新工作岗位相匹配。

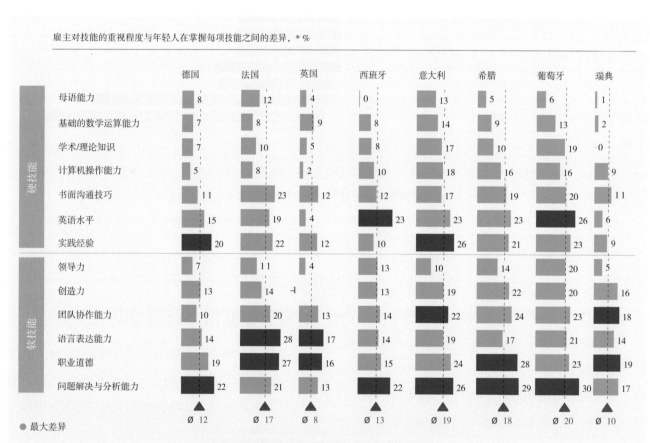

雇主对技能的重视程度与年轻人在掌握每项技能之间的差异，＊%

		德国	法国	英国	西班牙	意大利	希腊	葡萄牙	瑞典
硬技能	母语能力	8	12	4	0	13	5	6	1
	基础的数学运算能力	7	8	9	8	14	9	13	2
	学术/理论知识	7	10	5	8	17	10	19	0
	计算机操作能力	5	8	2	10	18	16	16	9
	书面沟通技巧	11	23	12	12	17	19	20	11
	英语水平	15	19	4	23	23	23	26	6
	实践经验	20	22	12	10	26	21	23	9
软技能	领导力	7	11	4	13	10	14	20	5
	创造力	13	14		13		22		16
	团队协作能力	10	20	13	14	22	24	23	18
	语言表达能力	14	28	17	14	19	17	21	14
	职业道德	19	27	16	15	24	28	23	19
	问题解决与分析能力	22	21	13	22	26	29	30	17
		Ø 12	Ø 17	Ø 8	Ø 13	Ø 19	Ø 18	Ø 20	Ø 10

● 最大差异

图2 欧洲各国雇主对缺失的技能的类似看法

＊下面列出了您在过去一年多的时间里雇用的初级员工具备的一些技能。请为每项技能对新员工能在贵公司高效工作的重要性打分；请为每位新员工对技能的平均掌握程度打分。

资料来源：Mckinsey & Company, 2014

① 要想了解更多关于"打造更具责任感的数字未来"方面的内容，请访问：https://www.weforum.org/agenda/2018/03/engineering-a-more-responsible-digital-future

加拿大

加拿大统计局的报告显示，从 2006 年到 2016 年，科学、技术、工程和数学（STEM）毕业生中学习工程或工程技术的比例最大（47.9%）（Franck, 2019）。授予的本科学位持续增长，2018 年授予的工程学位比 2014 年增加了 18.9%。2018 年招生人数最多的工程类本科专业是机械工程、土木工程和电气工程。生物系统工程、软件工程和工业或制造工程显示出自 2017 年以来的最高增长（Engineers Canada, 2020b）。

美国

在过去十年中，本科工程类专业的招生人数有所上升。《工程数字》研究（Roy, 2019）显示，2018 年本科排名前三的工程类专业是机械工程、计算机科学（内部工程）和电气工程。2018 年，上述三个工程类专业的硕士入学人数也有所增加，占所有工程硕士毕业生的 39%（Roy, 2019）。

欧洲

在整个欧盟，2018 年接受高等教育的所有学生中有超过五分之一（22%）攻读商业、管理或法律。第二大类是工程、制造和建筑相关专业，攻读人数占所有高等教育学生的 15.8%（较 2017 年的 15% 有所增加），其中近四分之三（11.6%）的学生为男性，而女性为 4.2%。[1]

让性别平等和多样性成为主流

增加全球化的工程教育和就业市场的多样性对于社会公正、增强创造力和解决问题的能力，以及解决工程师短缺问题都很重要（见第二章：所有人

机会均等）。

据报道，整个地区从事工程工作的女性正在增加，在北美，从事工程的原住民也有少量增加。尽管与其他群体相比，女性代表人数的增长率最高，但尚未达到一些国家设定的目标（Engineers Canada, 2020a）。其他代表性不足的群体，包括性少数群体（LGBTQ）[2] 和原住民，在将多样性纳入主流方面也同样重要。国家组织、院校和政府机构正在加大力度，促进社会群体在工程领域的充分参与。

加拿大

2019 年，女性占全国工程会员总数的 14%（较 2018 年的 13.5% 有所增加），占加拿大新注册工程师的 17.9%。作为"30 by 30 倡议"[3] 的一部分，加拿大工程师协会和监管机构自 2014 年以来一直在追踪新注册的女性工程师人数。这一举措是工程组织、行业和监管机构之间的合作，旨在到 2030 年将新注册的女性工程师比例提高到 30%。2018 年至 2019 年间，工程专业女生的比例从 23.7% 上升至 25.2%（Engineers Canada, 2020a）。原住民学生在工程教育中的代表性仍然严重不足，仅占所报告的本科生的 0.5%，比加拿大 4.9% 的原住居民低 10 倍左右（Engineers Canada, 2018）。

美国

工程学士、硕士和博士学位以及工程技术专业的女性毕业生比例继续增长。然而，从 2009 年到 2017 年，平均增长率只有几个百分点（Roy, 2019）。2018 年，女性获得学士学位的比例为 21.9%，硕士学位的比例为 26.7%，博士学位的比例为 23.6%。然而，2018 年，在环境工程、生物/农业工程和生物医学工程领域，

---

[1] 若想获取高等教育统计数据，请访问：https://ec.europa.eu/eurostat/statistics-explained/index.php/Tertiary_education_statistics#Fields_of_education

[2] 性少数群体指女同性恋者、男同性恋者、双性恋者、跨性别者和酷儿。

[3] 若想获取更多信息，请访问：https://engineerscanada.ca/diversity/women-in-engineering/30-by-30

女性获得了超过40%的学士学位。女性在化学、建筑、工业/制造以及冶金和材料工程领域获得了超过30%的学位。1993—2016年间，女性工程从业人员的比例从9%上升到16%。[①]

非裔西班牙裔群体在科学和工程领域的比例不到10%，略低于其总人口的比例。2018年，代表性不足的群体获得的工程学士学位有所增加，其中西班牙裔学生获得的学位占11.4%，黑人学生获得的学位占4.2%，美洲原住民获得的学位占0.3%，夏威夷/太平洋岛民获得的学士学位占0.2%（Roy, 2019）。

欧洲

欧盟委员会数据显示，2018年欧盟近1,500万科学家和工程师中，59%为男性，41%为女性。男性在制造业中的比例尤其高（制造业中79%的科学家和工程师是男性）。服务业更为均衡，男性占54%，女性占46%。[②]根据《数字时代的女性》研究（European Commission, 2018），在1,000名女性高校毕业生中，只有约24名攻读信息和通信技术相关专业，其中只有六人将继续在数字领域工作。[③]为了促进其他代表性不足群体的多样性，欧盟委员会于2020年提出了其有史以来第一个针对性少数群体的性别平等战略，其中建设阻止教育和就业歧视的能力建设是目标之一。[④]

框2　在美国工程教育中实现性少数群体平等

2016年，美国工程教育学会（ASEE）开展了一项关于工程领域性少数群体平等的研究。尽管近年来通过立法和社会认可，美国在性少数群体平等方面取得了重大进展，但这项研究表明，大学校园中的性少数群体学生和教师仍然受到排斥和歧视。研究显示，30%的性少数群体学生由于负面经历和偏见而认真考虑过离开学校。教师（42%）和大一学生（72%）的比例最高。该项目采用了一种变革性周期混合式研究模式，为社会变革提供了基础。大学正在通过性少数群体包容性政策、规划和实践，逐步改善性少数群体学生的环境。

资料来源：Farrell et al., 2016

建议

1. 统一工程教育和专业统计

工程教育是高度多元的，工程活动是十分多样的。因此，需要一个通用的方法来统一定义和数据记录，并反映工程领域的多样性趋势。

● 政府机构和工程组织应加强合作，进一步统一工程专业的数据收集和研究标准。

2. 教育、终身学习和技能提升

为了帮助工程师向更可持续的发展道路过渡，培养软技能将与终生学习硬技能同等重要。在这方面，大学与支持工程师专业认证和终身学习的工程组织起着核心作用。

● 在工程组织的支持下，大学需要为工程师提供不断发展的机会。另外，应促成欧洲和北美统一的专业认证等。

3. 工程师对好政策的贡献

向数字、绿色和循环经济过渡需要工程师献计献策。传统上，工程师主要在技术层面上参与政策制定。然而，人们越来越期望工程师不仅负责解决方案的技术部分，还要考虑技术解决方案对整个社会的影响。专业工程师应具有出色的软技能，并能从事多学科项目。这些新能力还将有助于工程师影

---

① 若想获取科学与工程指标，请访问：https://ncses.nsf.gov/pubs/nsb20198/demographic-trends-of-the-s-e-workforce

② 若想获取欧盟统计局关于女性参与科技领域的情况，请访问：http://bit.ly/37ykaLG_women_science

③ 《数字时代的女性》：https://ec.europa.eu/digital-single-market/en/women-digital-0

④ 若想获取更多战略信息，请访问：https://www.europarl.europa.eu/legislative-train/theme-a-new-push-for-european-democracy/file-lgbti-equality-strategy

响各级政府的政策。

- 工程师和工程界应积极参与国家和国际工程和工业联合会，代表其成员与政策制定者沟通。
- 工程师个人应在公开的公众咨询和调查中发挥更大的作用，这些都是决策的重要组成部分。

4. 伙伴关系与合作

伙伴关系、合作和网络有助于在实现可持续发展方面取得进展。分享教育知识是迈向全球社会平等的垫脚石。为了实现第 17 项可持续发展目标（促进目标实现的伙伴关系），联合国提供了一个全球合作平台。①

- 欧洲和北美国家应加快合作，共享知识，帮助全球建设工程能力。

---

① 若想获取更多伙伴关系平台信息，请访问：https://sustainabledevelopment.un.org/partnership/browse/

参考文献

Brad, T., Beagon, U. and Kövesi, K. 2019. *Report on the future role of engineers in society and the skills and competences required for engineers*, First Project Report, A-STEP 2030 project, pp. 1–40. https://www.astep2030.eu/en/project-reports

EFCA. 2018 *Future trends in the consulting engineering industry*. European Federation of Engineering Consultancy Associations. https://www.efca.be/sites/default/files/2019-03/EFCA%20 trends%20booklet_final%20version_05%20 06%202018.pdf

EIB. 2020. *Who is prepared for the new digital age? Evidence from the EIB Investment Survey*. European Investment Bank. https://www.eib.org/attachments/efs/eibis_2019_report_on_digitalisation_en.pdf

Engineers Canada. 2020*a*. 2020 National Membership Information. Data for 2019. https://engineerscanada.ca/reports/national-membership-report/2020

Engineers Canada. 2020*b*. Trends in Engineering Enrolment and Degrees Awarded 2014–2018. https://engineerscanada.ca/publications/canadian-engineers-for-tomorrow-2018

European Commission. 2018. Women in the Digital Age. Iclaves. https://op.europa.eu/en/publication-detail/-/publication/84bd6dea-2351-11e8-ac73-01aa75ed71a1

European Commission. 2020*a*. *Circular economy – new action plan to increase recycling and reuse of products in the EU*. https://ec.europa.eu/info/law/better-regulation/have-your-say/initiatives/12095-A-new-Circular-Economy-Action-Plan

European Commission. 2020*b*. Commission presents European Skills Agenda for sustainable competitiveness, social fairness and resilience. *Press Release,* 1 July. https://ec.europa.eu/commission/presscorner/detail/en/ip_20_1196

European Commission. 2020*c*. *Recovery plan for Europe*. https://ec.europa.eu/info/strategy/recovery-plan- europe_en#main-elements-of-the-agreement

European Council of Engineers Chambers. 2017. *Common Training Principles for Engineers (491/PP/GRO/IMA/15/15123)*. https://www.ecec.net/activities/common-training-principles-for-engineers/news-log/

European Parliament (n.d). LGBTIQ Equality Strategy. https://www.europarl.europa.eu/legislative-train/theme-a-new-push-for-european-democracy/file-lgbti-equality-strategy

European Parliament. 2018. *The impact of new technologies on the labour market and the social economy. Science and Technology Options Assessment*. European Parliamentary Research Service. https://www.europarl.europa.eu/RegData/etudes/STUD/2018/614539/EPRS_STU(2018)614539_EN.pdf

European Round Table for Industry. 2019. *Turning Global Challenges into Opportunities – A Chance for Europe to Lead*. https:// ert.eu/wp-content/uploads/2019/12/2019-12-09-Turning-Global-Challenges-into-Opportunities-A-Chance-for- Europe-to-Lead-Full-Version-Publication.pdf

Eurostat. 2017. ICT specialists – statistics on hard-to-fill vacancies in enterprises. https://ec.europa.eu/eurostat/statistics-explained/index.php/ICT_specialists_-_ statistics_on_hard-to-fill_vacancies_in_enterprises

Eurostat. 2018. Tertiary education statistics. https://ec.europa. eu/eurostat/statistics-explained/index.php/Tertiary_ education_statistics#Fields_of_education

Farrell, *et al.* 2016. ASEE Safe Zone Workshops and Virtual Community of Practice to Promote LGBTQ Equality in Engineering. *American Society for Engineering Education*, Paper ID: 14806. https://www.asee.org/public/conferences/64/papers/14806/download

Frank, K. 2019. A gender analysis of the occupational pathways of STEM graduates in Canada. *Analytical Studies Branch Research Paper Series*, No. 429. https://www150.statcan.gc.ca/n1/pub/11f0019m/11f0019m2019017-eng.htm

ILO. 2019. *Skills for a greener future: A global view based on 32 country studies*. International Labour Organisation. https://www.ilo.org/skills/pubs/WCMS_732214/lang--en/index.htm

McKinsey Global Institute. 2020. The future of work in Europe: Automation, workforce transitions, and the shifting geography of employment. Discussion paper. http://bit.ly/McKinsey_future_of_work

McKinsey & Company. 2014. *Education to Employment: Getting Europe's Youth into Work*. https://www.mckinsey.com/industries/public-and-social-sector/our-insights/converting-education-to-employment-in-europe

National Science Foundation. 2019. *Science and Engineering*

Labor Force. https://ncses.nsf.gov/pubs/nsb20198/ demographic-trends-of-the-s-e-workforce

Roy, J. 2019 *Engineering by the Numbers.* https://www.asee.org/ documents/papers-and-publications/publications/college-profiles/2018-Engineering-by-Numbers-Engineering-Statistics-UPDATED-15-July-2019.pdf

Statistics Canada. 2018. *Annual review of the labour market 2018. Labour Statistics: Research Papers.* https://www150.statcan.gc.ca/n1/pub/75-004-m/75-004-m2019002-eng.htm

Statistics Canada, 2019. *A Gender Analysis of the Occupational Pathways of STEM Graduates in Canada.* https://www150.statcan.gc.ca/n1/pub/11f0019m/11f0019m2019017-eng.htm

United Nations. *Sustainable Development Goals Partnerships Platform.* https://sustainabledevelopment.un.org/partnership/browse

United States Environmental Protection Agency. 2020. *Sustainable Materials Management.* https://www.epa.gov/smm

U.S. Bureau of Labor Statistics. 2018. Engineers: Employment, pay, and outlook. *Career Outlook*, February 2018. https://www.bls.gov/careeroutlook/2018/article/engineers.htm?view_full

U.S. Bureau of Labor Statistics. 2020. Architecture and Engineering Occupations. https://www.bls.gov/ooh/architecture-and-engineering/home.htm#:~:text=Employment%20in%20architecture%20and%20engineering,are%20projected%20to%20be%20added

UNECE. 2020. *Towards Achieving the Sustainable Development Goals in the UNECE Region – A Statistical Portrait of Progress and Challenges.* Geneva: United Nations Economic Commission for Europe. https://www.unece.org/fileadmin/DAM/stats/publications/2020/SDG_report_for_web.pdf

World Economic Forum. 2018. *How can we engineer a more responsible digital future.* https://www.weforum.org/agenda/2018/03/engineering-a-more-responsible-digital-future

袁 驷[①]

5.3
亚洲和太平洋地区

Engineers in electrical engineering

① 清华大学教授，联合国教科文组织国际工程教育中心（ICEE）执行主任。

摘 要

工程对世界各国和地区的经济发展和人民生活水平提升起着举足轻重的作用。亚洲和太平洋地区的工程发展，面临两个不可避免的挑战：人口老龄化加速和环境退化。工程促进可持续发展，在一定程度上依赖于工程人才的数量和质量、创新能力和工程教育。自 2001 年以来，亚洲和太平洋地区的工程行业就业总体上稳步增长，但一些主要市场也出现了萎缩。女性在工业领域的代表性仍然不足，由此限制了工程人才的多样性。该地区的研发和创业活动正以不同的速度兴起。此外，工程教育的改革也因新的突破而不断深化，工程人才更具创新精神和创业精神，也更倾向于解决现实问题。以下探讨了亚洲和太平洋地区工程领域的主要趋势。

亚太地区的区域问题

亚太地区从西太平洋延伸到印度洋，该地区的经济体系、社会、地理和天气等具有广泛多样性。然而，如果我们观察整个亚太地区，就会发现几个影响区域发展的趋势，需要工程来提供解决方案。以下是该地区的主要趋势。

人口老龄化和老龄社会

第一个挑战是亚太地区各国的老龄化人口正以前所未有的速度增长。预计到 2050 年，该地区 65 岁以上和 15 岁以下的人口数量将大致相当，老年人占总人口的比例将从 8.1% 增加到 18.1%（ADB，2018）。为了改善健康保障、医疗运输和建筑环境，工程将为应对老龄化挑战提供解决方案。

环境退化

第二大挑战是环境退化。根据 2014 年的数据，尽管一些国家（如中国和菲律宾）的森林面积有所增加，但整个亚太地区的二氧化碳（CO_2）排放总量几乎占到了全球的一半（47.7%）（ADB，2018）。当

然近年来，在亚太经济体中，有超过三分之二经济体的每单位制造业增加值的二氧化碳排放量有所下降（ADB，2020）。这表明，一些国家（如中国）的制造业升级和转型政策鼓励更可持续的增长方式，在保护环境方面发挥了积极作用。

图 1 每单位制造业增加值（以 2010 年定值美元计）的二氧化碳排放量（以千克计）

$ = 美元，CO_2 = 二氧化碳，kg = 千克

注：仅包括 2000 年和 2017 年有数据的经济体。中国台湾的每单位制造业增加值以 2015 年定值美元计算。塔吉克斯坦未记录 2000 年每单位制造业增加值的二氧化碳排放数据。

资料来源：ADB, Key Indicators for Asia and the Pacific 2020

气候变化和自然灾害

根据联合国防灾减灾署（UNDDR）的数据，
2000—2019 年世界上发生地球物理、水文、气象和
气候灾害次数最多的十个国家中，有八个在亚太地
区（图 2）。地震、风暴、海啸、极端天气、洪水、
干旱和其他灾害对当地的生活和经济造成巨大破坏。
工程通过评估潜在风险和提供软、硬措施，在应对
气候变化、适应和减少灾害风险方面发挥着非常重
要的作用。

工业就业增长与劳动力结构变化

在世界大多数地区，农业、工业和服务业的就
业在 2002 年至 2018 年之间发生了相对较小的变化。
然而，与其他地区相比，自 2002 年以来，亚太地区
工业的就业人数一直在增加（图 3）。

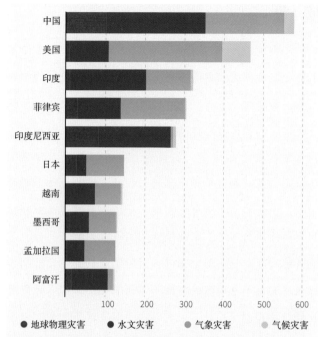

**图 2 按灾难亚组划分的 2000—2019 年灾害发生次数最
多的十个国家**

资料来源：UNDRR and CRED, Human cost of disasters:
an overview of the last 20 years (2000−2019).

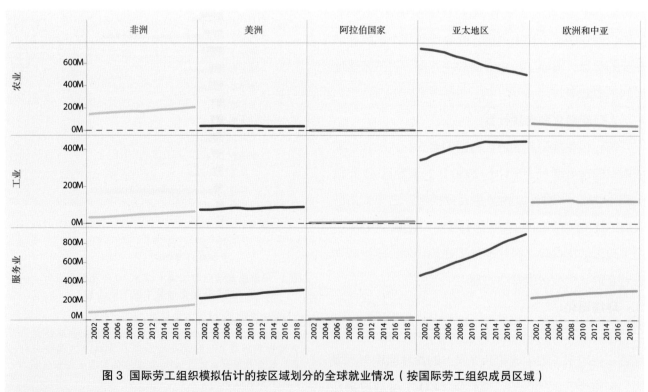

图 3 国际劳工组织模拟估计的按区域划分的全球就业情况（按国际劳工组织成员区域）

资料来源：ILOSTAT, www.ilo.org/global/statistics−and−databases/lang−−en/index.htm

在亚太地区，受一系列人口和经济因素的推动，各国工业就业增长的差异很大（图4）。2009年至2018年间，柬埔寨工业就业人数增长了159%，部分原因是建立了出口导向型纺织厂和制鞋厂。相比之下，由于服务业就业增长，新加坡工业就业萎缩幅度最大（34.2%）。同期，日本工业就业人数下降了2.2%，部分原因是劳动力增长乏力。

农业劳动力急剧减少可以获得机械自动化支持。工业劳动力的快速增长也可以借助机械自动化支持。服务业劳动力快速增长。值得注意的是，服务业不仅包括信息和技术领域，还包括维持生存的水、气、电和建筑领域。因此，工程在这个不断发展的行业中可以发挥重要作用。

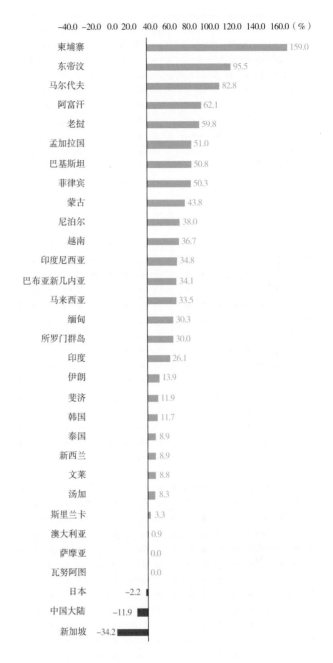

图4 2019年亚太地区工业就业增长趋势

资料来源：ILOSTAT，www.ilo.org/global/statistics-and-databases/lang--en/index.htm

亚太地区的工程环境

工程研发投入

研发一直是创新的重要驱动力，可以预测未来的技术趋势。研发的成功在一定程度上取决于研发经费支出和从事研发的研究人员数量。在亚太地区，研发支出和研究人员的数量一直在迅速增长。中国的研发支出增长最为强劲，2000—2015 年全球研发支出增长近三分之一来自中国（National Science Foundation，2018）。韩国每百万人中的研发人员从 2000 年的 2,914 人大幅增加到 2016 年的 8,809 人（ADB，2018）。

创业将创新推向市场，通常由具有孵化和投资机制特征的初创企业来推动。许多有影响力的公司都是由工程师创立的，为工程的发展做出了巨大的贡献。在过去十年中，相关行政规定的简化和放宽加速了创业活动。最大的改进之一是在东南亚创业所花费的时间减少了，平均所需天数从 2005 年的 75 天降至 2017 年的 30 天（ADB，2018）。

工业职业的女性参与

亚太地区各国在女性参与工业职业方面存在很大差距（图 5）。在阿富汗、澳大利亚、印度、伊朗、巴基斯坦、巴布亚新几内亚、东帝汶和瓦努阿图，女性占工业雇员的比例不到 20%。在柬埔寨，男女就业比例接近 50:50。虽然在汤加，工业部门的女性员工比例最高，但女性职工总数仅为 9,000 人。总体而言，在亚太地区，女性在工业职业中的代表性仍然不足。而且，女性在工程领域求职和职业发展所面临的困难可能与每个国家的特定背景和条件有关（ADB，2015）。

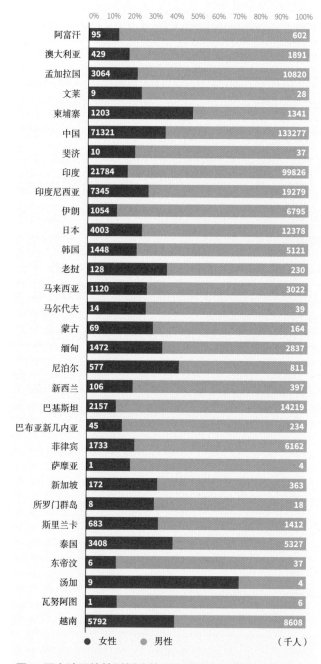

图 5 亚太地区按性别划分的工业就业率（截至 2018 年）

资料来源：ILOSTAT，www.ilo.org/global/statistics-and-databases/lang--en/index.htm

工程教育体系

人口老龄化和环境退化带来的全球性挑战日益严峻，迫切需要培养未来的工程人才，以推进技术创新和解决复杂问题。亚太地区正在大力改革工程教育，使学生更具创新精神和创业精神，并在培养他们解决现实问题的能力方面取得重大进展。

为培养工程人才，一些国家制定了许多专门的技能培训计划，以期建成一个可持续发展的社会。例如，日本环境省与相关政府机构合作，实施"亚洲可持续发展环境领导力倡议"，包括推出示范项目以解决领导力问题，等等。

工程师资格互认

亚太经合组织（APEC）是 1989 年成立的一个区域性经济论坛。亚太经合组织的一些成员签署了一项协议，目的是在国际工程联盟（IEA）的框架下承认工程专业能力的"实质等效"。作为联合东南亚及太平洋地区各工程机构的一个独立组织，亚太工程组织联合会（FEIAP）正在其 20 个成员内推动区域内工程师资格的互认。这些区域性组织和工程师流动的协定，大大促进了该地区工程教育体系和工程职业体系的整合，有利于建立一个更包容和更创新的区域性工程共同体。

工程进展与区域性问题解决方案

软措施和教育制度

除了传统教育之外，开放在线教育也越来越多地通过互动课堂进行。中国的清华大学和学堂在线① 共同开发雨课堂这一移动学习管理系统，广泛应用于创新型课堂教学和实验活动中。泰国的朱拉隆功大学的工程教育广泛采用"翻转课堂"方式。此外，各

国多方利益攸关者的合作被视为提高未来工程师素质、推动可持续发展实践的有效途径。例如，在中国，联合国教科文组织国际工程教育中心为世界各地的工程教育者提供跨学科交流和教育平台，通过提供解决方案应对复杂的实践挑战。 2017 年，国际工程教育中心组织的清华大学培训项目为来自孟加拉国、肯尼亚、巴基斯坦、赞比亚和其他发展中国家的学生提供了相互学习、合作和交流的机会。

硬措施和工程进展

在亚太地区，工程技术不仅在预防和减少风险与自然灾害方面发挥着举足轻重的作用，还助力基础设施的快速发展和经济的增长。特别是公路、铁路、机场和海港等交通设施，不仅为整个地区的贸易活动提供便利，降低物流成本，连接不同国家的人群，而且有利于人员流动和旅游业发展。人工智能、虚拟现实以及教育和卫生领域的大数据分析等新兴技术，也有利于提高技术的采用率，及时诊断和治疗患者的疾病。人口老龄化对经济发展有负面影响，特别是可能降低劳动生产效率，但新技术则有助于保持老龄人口提高生产效率和提升技能（ADB, 2019）。

结论

亚太地区工程技术创新充满活力，但同时也面临着许多经济、社会和环境方面的挑战。为了推动工程更好地支持可持续发展目标，各国政府、行业、教育机构和其他利益攸关者需要建立更紧密、更包容的伙伴关系，采取更多战略性和务实的行动来解决这些关键问题。

---

① 若想获取更多信息，请登陆学堂在线学习平台：www.xuetangx.com

建议

1. 通过创新工程项目和STEM^①课程，鼓励和吸引更多年轻人学习工程，选择工程职业。

2. 通过制定政策，为女性和男性提供更加灵活和家庭友好型的工作场所，以共同分担抚养子女的责任，进而提高女性在工程职业中的参与率。

3. 通过加大研发人员投入和经费投入，提高国家层面的创新能力。

4. 通过简化程序鼓励初创企业发展，创建一个有效的生态系统，支持创意的商业化，提供商业课程和专业咨询，支持经验分享的网络建设。

5. 通过促进区域内的互认，最大限度地缩小教育体系与工程职业之间的鸿沟，增加工程师的流动性。

6. 通过促进区域内各国在工程和教育方面的有效合作，提升伙伴关系，应对可持续发展的挑战。

7. 确保新政策、新行动落到实处，推动产业转型以实现可持续发展。

---

① 科学、技术、工程和数学。

参考文献

ADB. 2015. *Women in the workforce: An unmet potential in Asia and the Pacific.* Mandaluyong City, Philippines: Asian Development Bank. www.adb.org/publications/women-workforce-unmet-potential-asia-and-pacific

ADB. 2018. *Key indicators for Asia and the Pacific 2018.* 49th Edition. Mandaluyong City, Philippines: Asian Development Bank. www.adb.org/publications/key-indicators-asia-and-pacific-2018

ADB. 2019. *The Asian Economic Integration Report 2019/2020. Demographic change, productivity, and the role of technology.* Mandaluyong City, Philippines: Asian Development Bank. https://www.adb.org/sites/default/files/publication/536691/aeir-2019-2020.pdf

ADB. 2020. *Key Indicators for Asia and the Pacific.* 51st Edition. Mandaluyong City, Philippines: Asian Development Bank. https://www.adb.org/sites/default/files/publication/632971/ki2020.pdf

National Science Foundation. 2018. *Science and engineering indicators 2018.* www.nsf.gov/statistics/2018/nsb20181

UNDRR and CRED. 2020. Human cost of disasters: An overview of the last 20 years (2000–2019). United Nations Office for Disaster Risk Reduction and Centre for Research on the Epidemiology of Disasters. https://www.undrr.org/media/48008/download

参考文献

Jorge Emilio Abramian[①], José Francisco Sáez[②]
和Carlos Mineiro Aires[③]

5.4
拉丁美洲和
加勒比海地区

Professional engineers from the Colegio Federado de Ingenieros y de Arquitectos de Costa Rica

© CFIA

---

① 世界土木工程师理事会（WCCE）候任主席。

② 世界土木工程师理事会执行理事。

③ 世界土木工程师理事会主席。

摘 要

　　近几十年来，拉丁美洲和加勒比海地区（LAC）有两个主要因素阻碍了联合国可持续发展目标（SDGs）的实现：经济增长缓慢和缺乏强有力的社会保护制度，这反映在高非正规就业比例上。这些因素解释了为什么拉丁美洲和加勒比海地区各国为满足基本需求所做的努力（如适足住房、饮用水供应、卫生设施和环境可持续废物处理）未能达到可持续发展目标的成果标准。本节将简要介绍影响拉丁美洲和加勒比海地区的问题，并说明工程师如何帮助克服现有的缺陷。

工程挑战背景下的拉丁美洲和加勒比海地区问题

　　拉丁美洲和加勒比海地区必须应对《2030年可持续发展议程》提出的挑战，该地区长期经济增长率低于其他发展中国家 [①]。如此缓慢的增长也影响到在技术创新和基础设施方面的投资。自1980年以来，公共投资占国内生产总值的比例从平均5.9%下降到4.8%。结果，基础设施和竞争力也随之下降。拉丁美洲和加勒比经济委员会（ECLAC） [②]《拉丁美洲和加勒比经济概览》（2018）的结论是"按建筑资产（包括住宅和非住宅建筑）和机械设备资产划分的固定资本形成总额显示，虽然第一部分投资占比较大，占国内生产总值的比重较高，但第二部分增长较快"，这表明经济温和复苏。

　　报告还提到，随着拉丁美洲和加勒比海地区的经济增长，有薪就业人数显著增加，按就业人数计算，自营职业 [③] 是该地区第二大职业类别，往往呈现出反周期演变特点。这主要是因为在低增长率阶段，由于没有新的有薪就业和缺乏充分的社会保护机制，家庭有兴趣通过自营创造收入。低增长率和投资水平，加上发展和社会问题，例如缺乏强有力的社会保护和非正规就业。这些都表明，工程师在克服增长缓慢造成的差距方面可以发挥关键作用，这也符合可持续发展目标。所有这些目标都是相互关联的，其中一些目标需要工程界的直接努力。下面介绍了拉丁美洲和加勒比海地区与可持续发展目标和工程相关的主要问题。

社会问题与发展

　　如前所述，拉丁美洲和加勒比海地区存在着一些社会和经济增长问题，阻碍了可持续发展目标的实现，需要不同的工程学科对其进行改进。根据 Iorio 和 Sanin（2019）编制的泛美开发银行（IDB）报告，拉丁美洲和加勒比海地区的电力覆盖率达97% [④]，跻身全球最清洁能源地区之一，但在其他领域仍然存在影响公众健康和福祉的核心问题，如适足住房、清洁饮用水和卫生设施。

　　根据2015年联合国人居署的报告，该地区对"住房短缺"没有统一的定义。适足住房的定义是以获得饮用水、卫生设施和能源为特征，这种"住房短缺"影响到每千居民中30至180人。更令人痛心的是，就供水服务覆盖水平而言，拉丁美洲和加勒比海地区只有三个国家的饮用水得到"安全管理"，覆盖了80%以上的人口（WHO/UNICEF, 2019）。至于卫生设施覆盖率，只有7个国家向40%以上的人口

　　[①] 拉加地区（2.6%）、撒哈拉以南非洲地区（3.62%）、中东和北非地区（3.92%）以及东亚和太平洋地区（8.1%）。过去30年，欧洲和中亚（不包括高收入国家）的长期增长率平均为1.75%。详情参见世界银行数据库：https://databank.worldbank.org/data/home.aspx

　　[②] 拉丁美洲和加勒比经济委员会官方网站：https://www.cepal.org/en

　　[③] 自营职业者为自己工作，被视为个体经营者。

　　[④] 世界银行。获得电力（占人口的百分比）。https://data.worldbank.org/indicator/EG.ELC.ACCS.ZS?locations=ZJ

5

提供"安全的"卫生设施，其中只有一个国家的覆盖率超过 60%。

环境退化

与促进人类福祉的可持续发展目标一样，环境保护是该地区可持续发展的核心。拉丁美洲和加勒比海地区国家拥有广阔的环境敏感地区，如珊瑚礁群、大型淡水沼泽和雨林。该区域的农村地区居住着 1.25 亿人，该区域 60% 的最贫穷人口也居住在此。荒漠化和自然资源退化严重影响到拉丁美洲和加勒比海地区的几乎所有国家，农业活动的扩大加剧了这一问题，并危害到环境及其自然资源。联合国人道主义事务协调厅发表了一篇文章（Milesi and Jarroud, 2016），着重指出南美洲 68% 的土地受到荒漠化的影响，其中 1 亿公顷的森林被砍伐，7,000 万公顷的土地被过度放牧。

据报告，水、空气和土壤污染主要与不负责任的采矿、使用化肥和农药、城市交通以及未经处理的废物和污水倾倒有关。

可持续发展和环境保护要求负责任地规划、设计、执行、运营和停用管理系统和基础设施，工程师必须凭借专业知识兑现他们保护环境的承诺。因此，广泛开展健全的工程教育和培训就显得尤为重要。

气候变化和自然灾害

拉丁美洲和加勒比海地区国家的气候变化将在很大程度上影响海岸线和城市住区（Nurse et al., 2014; OCHA, 2020; Huber, 2018）。海洋温度升高引发飓风[①]、藻类的快速生长和珊瑚的死亡等，这在很大程度上影响了加勒比海地区国家。海洋温度升高对内陆地区的影响表现在洪水和极端干旱，这些极端事件在不同地区或在同一地区交替发生。温度升高更频繁地引起更大的火灾，严重影响居民。最后，

几乎整个地区要么遭受地震灾害[②]，要么遭受火山灾害，要么两者兼而有之。

同样，这些事件要求工程师充分参与风险评估，并利用智能技术预测此类事件，以提供预警，调整建筑结构规范和施工程序，并设计缓解方案。

拉丁美洲和加勒比海地区的工程环境

如上所述，区域发展和环境问题需要快速和有效的工程响应。

同时，工程是实现以下可持续发展目标的最有效工具之一：

● 通过设计和建造污水处理系统以及水和废水处理厂，确保良好健康与福祉（可持续发展目标 3）以及清洁饮水和卫生设施（可持续发展目标 6）。

● 廉价和清洁能源（可持续发展目标 7）以及工业、创新和基础设施（可持续发展目标 9）是大多数工程学科的核心科目。

● 可持续城市和社区（可持续发展目标 11）和气候行动（可持续发展目标 13）涉及交通工程、建筑和工厂管理等工程领域。

● 负责任的消费和生产（可持续发展目标 12）与回收系统和废物处理计划的实施明显相关。

此外，所有 17 项可持续发展目标在某种程度上都涉及技术发展和科学应用，以充分利用现有资源。例如，消除贫穷（可持续发展目标 1）与消除饥饿（可持续发展目标 2）直接相关，两者都与粮食生产（农艺工程）、运输（土木、机械和电气工程）和适当储存（机械和土木工程）相关。

如果工程对实现这些目标至关重要，则必须弄清楚拉丁美洲和加勒比海地区工程师的需求和人数。目前尚无法提供各国工程师人数的可靠全球统计数

[①] 从受灾国家数量和损失来看，2017 年受飓风影响最为严重。

[②] 在南美洲，25% 的大地震的震级都在里氏 8 级以上。

字。目前的数字是不完整的，因为有些国家没有官方的职业登记，鉴于非正式的工程实践，这些数字也是不可靠的，即使在强制注册的国家也是如此。

世界土木工程师理事会（WCCE）估计，发达国家每百万人口中有 1,300 至 2,500 名土木工程师（Abramian,2020），而拉丁美洲和加勒比海地区十个样本国家每百万居民中才有 200 至 1,666 人。除玻利维亚和巴西外，样本国家的土木工程师人数低于世界平均水平，远低于发达国家（每百万人口中约有 1,000 人）。这样的比例凸显了该地区工程师的短缺。尽管意大利、葡萄牙、西班牙和美国等多个经济合作与发展组织成员国①对工程专业学生短缺表示担忧，但它们通过在全球范围内签订合同"出口"工程服务。这一举措也证实了拉丁美洲和加勒比海地区工程师短缺的事实。然而，拉丁美洲和加勒比海地区国家通常雇用外国公司来设计或建造大型基础设施工程，这不仅表明对更多专业人员的需要，还表明了缺乏拥有必要股权或具备专门知识的公司来承接拉丁美洲和加勒比海地区大型基础设施建设工程。

工程领域进展与区域性问题的解决方案

工程教育

《拉丁美洲高等教育红色指数概览》（2018）指出，拉丁美洲工程专业毕业生人数较低是培养工程师和科学家所需投资较高，以及拉丁美洲大学重点关注人文学科的结果。

然而，从工程、建筑和制造业的高等教育毕业生的比例来看，工程师数量有望在未来增加。根据红色指数报告，"工程、工业和建筑"相关专业已成为学生中第二大热门选择，其中智利和哥伦比亚攻读

---

① 经济合作与发展组织（OECD）是一个由 37 个成员国组成的政府间经济合作组织，其官方网站为：https://www.oecd.org

上述专业的学生显著增加，占新生人数的 20%，而 2010—2015 年高等教育入学人数总体增长了 3.8%。在此期间，女性入学人数增加，占拉丁美洲和加勒比海地区所有高等教育学生的 55%，尽管这一增加可能不会最终导致女性在工程实践中的比例增加（见框 1）。

框 1　阿根廷解决工程领域性别平等问题的项目

在阿根廷，工程行业从业女性占 20%，这一数字正在上升到 25%。相比之下，根据阿根廷建筑工人联合会（UOCRA）的数据，建筑行业从业女性的比例下降到 5% 以下，其中 20% 从事与砌筑相关工作。这使得女性工程岗位的比例降至 4%，导致建筑设计、管理和承包领域以男性为主的局面。

为了解决这一问题，无国界工程师协会阿根廷分会（ISF-Ar）正在制定一个不分性别的项目，鼓励女性参与，以实现男女参与者之间的平衡。

这一举措使女性在建筑工地的存在正常化，确认了她们在设计、管理和执行阶段承担建筑任务的能力，并为有兴趣加入土木工程的年轻女孩提供了榜样。

尽管拉丁美洲和加勒比海地区目前招收的工程专业学生有所增加，但工程师的总人数仍不足以满足该地区的潜力和需要。

拉丁美洲和加勒比海地区专业工程机构的作用

拉丁美洲和加勒比海地区有不同的工程机构，如各种国家工程监管组织和工程专业协会，它们在实现可持续发展目标中起着关键作用。这些机构包括世界工程组织联合会下属全球区域和跨区域组织。

自 1949 年以来，泛美工程学会联合会（UPADI）一直在拉丁美洲和加勒比海地区的社会中推广泛美工程教育和专业实践，为其共同体的福利做出贡献。总部设在里约热内卢的泛美工程学会联合会目前每年举办年度大会，并向世界工程组织联合会贡献意见。

此外，葡萄牙语和西班牙语国家土木工程专业组织理事会（CICPC）成立于 1992 年，是一个年轻的跨区域组织，致力于评估成员当前面临的挑战，以便提供区域性观点，提出土木工程共同体全球联

合行动原则。上述两个组织的成员见表1。

表1 泛美工程学会联合会与葡萄牙语与西班牙语国家土木工程专业组织理事会成员

	泛美工程学会联合会	葡萄牙语和西班牙语国家土木工程专业组织理事会
拉丁美洲和加勒比海地区国家	阿根廷、玻利维亚、巴西、智利、哥伦比亚、哥斯达黎加、古巴、多米尼加共和国、厄瓜多尔、萨尔瓦多、危地马拉、洪都拉斯、墨西哥、尼加拉瓜、巴拿马、巴拉圭、秘鲁、波多黎各、乌拉圭、委内瑞拉	
		葡萄牙、西班牙
非拉丁美洲和加勒比海国家和地区	加拿大、意大利、美国	安道尔、安哥拉、佛得角、赤道几内亚、几内亚比绍、中国澳门、莫桑比克、圣多美和普林西比、东帝汶

拉丁美洲和加勒比海地区的国家经常遭受经济危机的困扰，该地区经济的不确定性使得工程师从受危机影响的国家流向该地区更具活力的国家，在所在国经济衰退时返回。这种流动大多是非正式的，给拉丁美洲和加勒比海地区工程师的职业发展和工程公司的发展带来负担。尽管泛美工程学会联合会与葡萄牙语和西班牙语国家土木工程专业组织理事会已着手在工程领域正式建立专业人员流动程序，但该程序仅针对南方共同市场测量、农学、建筑、地质和工程一体化委员会（CIAM）①，该委员会是南方共同市场②成员国政府主办的一个平台。南方共同市场测量、农学、建筑、地质和工程一体化委员会致力于建立一个框架，以期在南方共同市场成员国内部规范工程领域的专业跨境服务和许可证发放。

结论

拉丁美洲和加勒比海地区国家需要解决一系列环境和发展问题，以释放该地区的潜力，实现可持续发展目标。为此，可以通过工程解决这些问题，但又因该地区工程专业人员数量不足或公司的能力不足而受限。因此，应努力增加拉丁美洲和加勒比海地区工程专业人员的数量。拉丁美洲和加勒比海地区各国政府和大学因而有义务推动工程项目，并特别关注代表人数不足的女性的参与。拉丁美洲和加勒比海地区国家和区域工程组织及其国际同行必须帮助促进工程事业，将其与可持续发展目标的实现联系起来。他们还应加强专业人员流动制度，以解决发展中国家的专业人员短缺问题。

建议

1. 加强工程项目中的南南合作和三角合作（TRC）③，以促进本地区的知识转移（UNDP，2017）。投资、技术和专业知识的缺乏应通过区域投入和横向南南合作和三角合作加以解决。

2. 建立框架以增强工程专业学生的流动性，从而为他们提供发展机会，在拉丁美洲和加勒比海地区不同国家的机构和组织中分享知识和经验。鼓励区域外展，以提高流动性，并帮助发展拉丁美洲和加勒比海地区的工程文化，以应对区域和全球挑战。

3. 建立区域内和跨区域专业人员流动框架，走出促进全球临时流动标准和加强合作制度的第一步。

---

① CIAM（南方共同市场测量、农学、建筑、地质和工程一体化委员会），全称为 Comisión para la Integración de la Agrimensura, Agronomía, Arquitectura, Geología e Ingeniería del MERCOSUR。

② 南方共同市场（MERCOSUR）是一个由5个成员国组成的经济集团，其官方网址为：https://www.mercosur.int

③ 南南合作是指"旨在促进自我持续发展的相互合作，包括在开展技术和经济合作的同时深化发展中国家之间的关系"；三角合作指"在发达国家或多边组织的支持下，两个或两个以上发展中国家间由南方推动的旨在实施发展合作计划和项目的伙伴关系"（UNDP，2017）。

参考文献

Abramian, J. 2020. How many of us, civil engineers, are enough? Madrid, World Council of Civil Engineers. https://wcce.biz/index.php/2-wcce/362-a-column-how-many-of-us-civil-engineers-are-enough

ECLAC. 2018. Economic survey of Latin America and the Caribbean 2018. *Evolution of investment in Latin America and the Caribbean: Stylized facts, determinants and policy challenges.* Santiago: Economic Commission of Latin America and the Caribbean. www.cepal.org/en/publications/43965-economic-survey-latin-america-and-caribbean-2018-evolution-investment-latin

Huber, K. 2018. *Resilience strategies for wildfire.* Center for Climate and Energy Solutions. https://www.c2es.org/site/assets/uploads/2018/11/resilience-strategies-for-wildfire.pdf

Iorio, P. and Sanin, M.E. 2019. Acceso y asequibilidad a la energía eléctrica en América Latina y el Caribe. [Access and availability of electric energy in Latin America and the Caribbean]. Washington, DC: Inter American Bank of Development (In Spanish).

Milesi, O. and Jarroud M. Soil degradation threatens nutrition in Latin America. *Inter Press Service,* 15 June. https://reliefweb.int/report/world/soil-degradation-threatens-nutrition-latin-america

Nurse, L.A., McLean, R.F., Agard, J., Briguglio, L.P., Duvat-Magnan, V., Pelesikoti, N., Tompkins, E. and Webb, A. 2014. Small islands. In: V.R. Barros, C.B. Field, D.J. Dokken, *et al.* (eds.), *Climate Change 2014: Impacts, Adaptation, and Vulnerability. Part B: Regional aspects.* Contribution of Working Group II to the Fifth Assessment Report of the Intergovernmental Panel on Climate Change, pp. 1613–1654. Cambridge, UK/New York: Cambridge University Press.

OCHA. 2020. Natural Disasters in Latin America and the Caribbean 2000–2019. Balboa, Ancon, Panama: United Nations Office for the Coordination of Humanitarian Affairs. https://reliefweb.int/sites/reliefweb.int/files/resources/20191203-ocha-desastres_naturales.pdf

Red Indices. 2018. Panorama de la educación superior en Iberoamérica [Panorama of higher education in Ibero-America]. (In Spanish). www.redindices.org/attachments/article/85/Panorama%20de%20la%20educaci%C3%B3n%20superior%20iberoamericana%20versi%C3%B3n%20Octubre%202018.pdf

UNDP. 2017. *FAQ South-South Cooperation and Triangular cooperation.* https://www.undp.org/content/undp/en/home/librarypage/poverty-reduction/development_cooperationandfinance/frequently-asked-questions--south-south-cooperation.html

UN Habitat, 2015. *Déficit habitacional en América Latina y el Caribe: Una herramienta para el diagnóstico y el desarrollo de políticas efectivas en vivienda y hábitat.* [Housing deficit in Latin America and the Caribbean: A tool for the diagnosis and development of effective housing and habitat policies]. Nairobi: UN Habitat (In Spanish). https://unhabitat.org/sites/default/files/download-manager-files/D%C3%A9ficit%20habitacional.pdf

WHO/UNICEF. 2019. *Progress on household drinking water, sanitation and hygiene 2000–2017.* World Health Organization / United Nations Children's Fund Joint Monitoring Programme for Water Supply and Sanitation. https://www.unwater.org/publications/whounicef-joint-monitoring-program-for-water-supply-sanitation-and-hygiene-jmp-progress-on-household-drinking-water-sanitation-and-hygiene-2000-2017

5

Yashin Brijmohan[1], Gertjan van Stam[2]
和 Martin Manuhwa[3]

5.5
非洲

---

① 世界工程组织联合会工程能力建设委员会前主席，南非蒙纳士大学商业、工程和技术执行院长。

② 任职于津巴布韦国立科技大学。

③ 非洲工程组织联合会（FAEO）主席。

摘 要

本节通过描述和探讨非洲工程的现状，以及根据可持续发展目标的挑战和优先考虑，倡导为非洲提供更好的工程解决方案。本节重点介绍了非洲在城市化、就业、粮食、水和能源安全、环境退化、气候变化、自然灾害和贫困等方面所面临的挑战，并展示了如何通过工程帮助该地区应对这些挑战。本节还着重介绍了工程因何成为实现非洲可持续发展目标的关键。因此，有人认为，高质量的工程教育和提高标准将创造良好的就业机会和经济增长，从而促成非洲联盟（AU）《2063 年议程：非洲愿景》（以下简称《2063 年议程》）。

引言

非洲大陆是世界第二大大陆，文化丰富，政策和战略繁多。非洲 54 个主权国家的经济发展差异很大。然而，作为一个集体，非洲致力于实现繁荣愿景：非洲联盟（AU）《2063 年议程》。[①] 非洲文化遗产的一个共同点是为共同体所有，兼具包容性、和平、欢乐和长期伙伴关系特点。

本节描述了非洲的工程现状，以及实现可持续发展目标方面所面临的挑战和优先考虑事项。非洲人口年轻，在不平等、公平、提供服务和正义方面面临一系列挑战。众所周知，非洲在提供全民医疗保险和高质量教育、让非洲人从自然资源和基础设施中获益，以及认识到需要建立可持续的城市和整体应对气候危机、移徙、流行病或武装冲突造成的灾害方面存在着困难。事实上，恰当的解决方案是群策群力的结果。正如极端贫困与人权问题特别报告员 Philip Alston 在给联合国大会的报告中指出的那样，"为了减少错误假设和错误设计选择所造成的伤害……相关体系应由其目标用户共同设计，并以参与的方式进行评估"（Alston, 2019）。

社会问题与发展

《2020 年非洲可持续发展目标指数和指示板报告》重点强调了对更好的工程解决方案的需求，评估了非洲国家在可持续发展目标方面的立场及其在实现这些目标方面取得的进展，并附加了"不让任何人掉队"的任务（图 1）。该报告还初步分析了新冠肺炎疫情对非洲可持续发展目标的影响，概述了这场人道主义和经济危机，尤其对社会和经济目标产生了严重的直接和长期影响。报告假定，大约 6,000 万非洲人可能陷入贫困，粮食不安全状况预计将增加近一倍。估计已有 1.1 亿非洲儿童和青年失学，脆弱的医疗系统正在经受考验，女性面临比以往更多的掉队风险（SDG Center for Africa, 2020）。据预测，经济活动放缓和封锁将增加失业和负债，而不断减少的汇款、发展援助和国内收入则会增加发展筹资风险，不利于可持续发展目标的实现。现在是时候让非洲更加依靠自身力量，通过可持续的工程解决方案和应用当地技能及其丰富的自然资源进行创新。

---

① 若想获取更多非洲联盟《2063 年议程》信息，请访问：https://au.int/en/agenda2063/overview

图 1 非洲实现"不让任何人掉队"愿景所面临的挑战

资料来源：UN, 2019

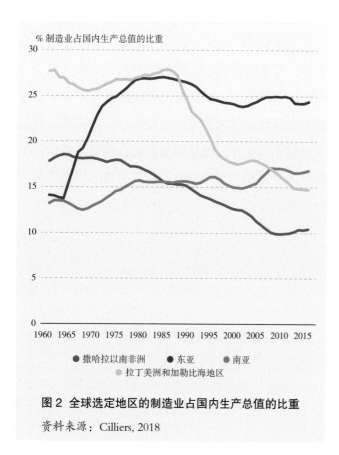

图 2 全球选定地区的制造业占国内生产总值的比重

资料来源：Cilliers, 2018

非洲面临的挑战包括城市化、就业、粮食、水和能源安全、环境退化、气候变化、自然灾害和贫困。工程可以帮助该地区应对这些挑战。尽管非洲国家之间和内部存在巨大差距，但研究和报告表明，撒哈拉以南非洲的收入水平大大低于世界上许多其他国家。非洲的正规经济主要依赖于采掘业，而大部分人口则依赖于非正规农业。非洲严重依赖进口机械。其制造业在国内生产总值中所占比重大大低于世界其他地区（图 2）。

鉴于理工科毕业生与经济增长之间的密切关系，非洲一些国家认为科学、技术、工程和数学（STEM）对发展至关重要。工程和信息通信技术能力是第四次工业革命的重要组成部分，其中自动化、人工智能、工业互联网和大数据是经济的引擎。

目前，除了非洲大城市，这场革命在大多数非洲国家还处于萌芽阶段。尤其是在大多数人居住的农村地区，第二次工业革命（电力）和第三次工业革命（电子产品的使用）尚未开始（Naudé, 2017）。与此同时，非洲似乎缺乏第四次工业革命的基本要素，例如数字平台——数字领域的核心（Ministry of Foreign Affairs, 2018; Rodrik, 2018）。根据联合国贸易和发展会议的数据，中国和美国这两个国家占据了全球70大数字平台的90%左右（UNCTAD, 2019）。非洲和拉丁美洲加起来仅占1%。由于动荡的过去，大多数从非洲传到另一个地方的信息都要经过欧洲（Gueye and Mbaye, 2018）。

除了高质量的建筑和饮用水，电力也是现代基础设施不可或缺的一部分。然而，在非洲的许多地方，电力供应并不充足。从非洲电力供应和使用的角度来看，非洲进步小组[①]指出："令人震惊的是，撒哈拉以南非洲的电力消耗低于西班牙，按照目前的趋势，2080年才能让每个非洲人都用得到电。"（Africa Progress Panel, 2015, p.11）在非洲大部分地区，电力供应滞后于需求。撒哈拉以南非洲的农村地区经常缺乏电力供应或供应不稳定，而且经常停电（Mudenda, Johnson, Parks and van Stam, 2014）。

当然，非洲国家有许多公立和私立大学，其中许多大学的研发水平很高。尽管如此，非洲人很少参与定义全球技术概念，在5G方面更是如此（van Stam, 2016）。国际上经常谈论非洲，而不是与非洲共同探讨，非洲声音很少出现在讨论中。为了摆脱殖民地遗留下来的做法，关注当地的需求和解决方案，非洲各国和国家间正在整合与时俱进的课程和研发项目（Bigirimana, 2017）。例如，乌干达坎帕拉国际大学以"合作"为原则开展研究，巩固了其在多国病毒暴发数据网络（VODAN）中的领导地位，以便在数据主权的原则下管理非洲新冠肺炎疫情数据。然而，过分依赖非洲以外的专门知识和资金阻碍了这一果敢的努力。

[①] 若想获取更多非洲进步小组信息，请访问：https://africaprogressgroup.org/

环境退化

在过去的几十年里，非洲国家遭受了各种各样的问题，包括人口快速增长、多重武装冲突、自然灾害、流行病和政治动荡。这些问题已经在非洲大陆的自然环境中留下了印记。此外，诸如气候变化、往往无法控制的城市化、森林砍伐、大气、水或土壤污染和土地所有权冲突等其他威胁，都导致了非洲大陆环境中的恶化。面对这种情况，非洲国家必须主动采取行动，消除造成这种生态衰退的一些原因。环境科学和工程的发展应使非洲拥有掌握自然规律知识、提出干预战略和开发可在非洲大陆使用的绿色技术的人才。

气候变化和自然灾害

气候变化和自然灾害对非洲的发展领域和社会产生了深远的影响。事实上，例如，气候变化和与之相关的水文气候加剧影响着涉及水循环的所有部分以及与人类活动有关的所有方面。

近几十年来，非洲，特别是西非经历了世界上一些最极端的天气事件，对落实不同的减轻灾害风险框架（兵库框架和《仙台框架》）和实现可持续发展目标提出了挑战。这些极端事件给城市环境带来了特殊的挑战，在城市环境中，更好地获取可靠和相关的信息对于支持有效的防备、应对、缓解和适应规划至关重要。在长时间和短时间内提高预报和预报员的技能可以使人们更好地防范与气候有关的风险。此外，设计工具并没有考虑非洲不同地区几十年来所经历的新的气候、水文、环境和社会状况，从而导致水力基础设施规模过小或过大，产生新的成本和物料，以及在极端气候条件下的人身伤害事件。为了应对这一挑战，工程师们必须开发适当的设计工具，将观测到的和预测到的强烈气候信号，以及土地条件和土地利用的巨大变化考虑在内。

水、粮食和能源安全

非洲面临许多挑战，严重阻碍了其社会经济发展。粮食、水和能源安全问题仍然是非洲国家的主要关切之一。据估计，到2050年，非洲人口将超过20亿，占世界人口的近25%，因此非洲必须制定强有力的政策和创新举措，以确保其人民在气候灾害和地区不安全的日益恶劣环境中的福祉。非洲必须通过发展人力资本和优质教育，从人口红利中获得最大利益。越来越多的年轻人（60%以上的年轻人在25岁以下）受过良好教育和训练，能够激发新的发展活力，加速经济增长。

非洲明显的粮食和能源不安全状况尤其需要建造符合当地水文设计标准的水利工程和设施。为了应对非洲粮食安全的挑战，必须把重点放在非洲年轻人的农业创业上。

因此，发展水、农业、能源和环境工程科学和技术领域的培训和研究将为非洲提供高素质的工程师和管理人员，以应对这些战略发展领域的挑战。

非洲的工程环境

工程技术趋势

建设一个更美好的非洲需要采用一种新的模式，即注重能力建设和召集利益攸关者制定实现可持续发展目标的战略。非洲工程组织联合会（FAEO）通过与非洲联盟委员会人力资源与科技事务部签署协议，设想在非洲联盟《非洲科学、技术和创新战略》（STISA-2024）中实施工程解决方案，利用工程建设基础设施、开展技术创新和制定解决方案，以实现非洲联盟《2063年议程》所提出的非洲愿景（Manuhwa, 2020）。

大数据、人工智能、通信和能源进步、机器人技术和增材制造等全球趋势，以及发展基础设施的

迫切需求，对非洲的能力和创造性解决方案构成了巨大压力。目前有一系列特别适合非洲情况的技术和做法。例如，探索动态频谱（ICASA, 2020）和利用空白电视信号频段（Johnson and Mikeka, 2016）。非洲有许多社区参与运营网络（APC, 2018）。这种方法需要不断地对当地和全球工程人员进行技能培训和技能提升，以服务其社区并从新的全球机遇中受益。此外，信息和通信技术有可能对非洲经济做出贡献，并且对通过使用在线设施进行能力建设至关重要。在非洲，可再生能源和替代能源的使用也在增加。非洲大陆拥有丰富的太阳辐射能、水能和风能，而且人们重视互联互通，从非洲各地汇集的电力可以看出这一点。

数字货币服务的使用和整合表明非洲可以实现产业的跨越式发展。例如，当地使用最先进的管理工具组装汽车、电视或移动电话。鉴于丰富的自然资源和劳动力，非洲很可能会越来越关注选矿。相关实践表明了非洲国内生产总值的增长潜力，由此能创造更多就业岗位，减轻贫困（表1）。工业化离不开公平的政府政策、恰当的信息和通信技术、当地制造业、可用能源和交通运输等方面的支持。这种转变需要足够的工程和科学能力，以及持续的变革。

表1 不同地区的国内生产总值增长率

地区	到2040年的平均国内生产总值增长率	到2040年的非洲制造生产总值增长率
非洲	4.8%	6.5%
低收入非洲地区	7.2%	8.9%
中低收入非洲地区	4.7%	6.4%
中高收入非洲地区	3.8%	5.3%

资料来源：Cilliers, 2018

当前的工程能力变革包括根据本地和专业需求、流动性以及恰当的国家和国际管理框架精心开展和调整教育。本地需求和全球发展趋势带来了新的期

望，即毕业生需要熟谙并适应最新研发技术以及国际公认的专业能力。工程师了解一般专业和其他专业知识极其重要，这样他们就能够通过将当地和国家的需要与全球社会的技术进步相结合来适应多样化的工作环境。

在非洲，对工程教育标准的理解和统一、其是否适合当地和国家的需求，以及工程专业毕业生的质量是否符合国际标准，仍然是悬而未决的问题。目前只有南非签署了国际工程联盟的教育和流动协议。更为严重的是，工程专业毕业生人数相对较少，远低于非洲以外国家的人均标准。开展的几项研究强调了"全世界缺乏工程分类数据，在许多情况下，工程领域甚至没有职业分类，更不用说工程学科范围了"（RAEng, 2016）。这一点在非洲最为明显。如果没有必要的数据来了解非洲国家有多少"储备充足的"称职工程师，就更难确保出现足够多的优秀工程师来满足伴随经济发展和成熟而来的国家需求增长，寻求实现经济增长的新途径。这一点在 2016 年英国皇家工程院的同一项研究中也有提到。南部非洲发展共同体（SADC）秘书处委托其成员国进行一项需求和数字研究，希望非洲其他国家也能效仿。

图 3 显示了非洲相关国家的人均工程师数量和人均国内生产总值。图中数据似乎表明，需要更多的工程师以便增加国内生产总值，但实际情况正好相反：需要在工程活动方面加大投资，以便提振经济，并让更多的工程师在相关行业和服务领域真正找到工作。

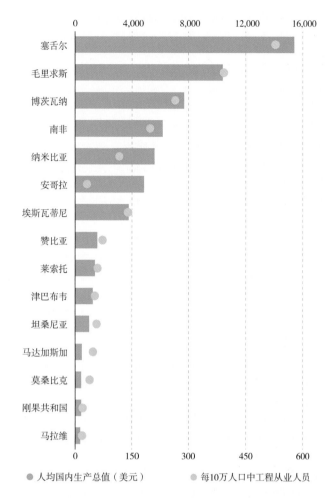

图 3　2016 年人均国内生产总值与每 10 万人口中工程从业人员数量

资料来源：SADC/DST, 2019

联合国教科文组织非洲工程周

2014 年，世界工程组织联合会和非洲工程组织联合会与联合国教科文组织合作，推出了非洲工程周，这是非洲大陆向政策制定者、社会和工程专业人员传达工程重要性的平台。这一平台促成了非洲工程会议，该会议旨在讨论工程领域的关键议题，并就联合决议达成共识。首届非洲工程周于 2014 年在南非约翰内斯堡举办，第二届于 2015 年在津巴布韦举办，第三届于 2016 年在尼日利亚举办，第四届于 2017 年在卢旺达举办，第五届于 2018 年在肯尼亚举办,第六届于 2019 年在赞比亚利文斯敦举办。联合国教科文组织非洲工程周取得了巨大成功,各国政府、专业工程机构、教育机构、国际利益攸关者和民间团体齐聚一堂。

它不仅激励学习者从事工程职业,还注重在女孩和年轻女性中推广工程,并促进从业人员、社会、政策制定者和国际组织分享工程解决方案和认识。非洲工程周还提高了非洲工程组织联合会、联合国教科文组织和世界工程组织联合会的知名度,为其在整个非洲大陆推广工作和活动提供了一个环境。

非洲各国政府加速自我实现和捍卫主权,特别是考虑到地缘政治现实和对技术日益激烈的争论。通过各种举措,各国制定了整体政策、监管框架、协作战略和体制安排,以促进特别是工程领域的社区参与、增强劳动力和技术转让。工程被视为促进经济增长、区域和国际合作以及伙伴关系的一种手段,并能为非洲大陆的政治一体化创造协同效应。

社会平衡、团结、伙伴关系和融合

15 至 29 岁的年轻人约占非洲大陆人口的 28%,其中很大一部分人失业,而非洲 40% 的人口年龄在 15 岁以下。正如非洲工程组织联合会主席——工程师 Martin Manuhwa 所言,"工程是经济发展的关键因素,因此我们需要优先考虑并鼓励年轻人进入科学领域,以便他们拥有帮助国家发展的工具"(RAEng,2016)。吸引年轻人从事工程事业,并为他们提供支持,对于解决当地和相关基础设施方面的挑战至关重要。它还将为当地的设计、实施和维护迈向可持续发展铺平道路。此外,这种方法还为在思考非洲解决方案时发挥思想领导力作用[1]提供了一条途径。最后,与其他大陆一样,吸引女性从事这一行业仍然是一项挑战,因此必须积极制定政策,鼓励年轻

女性投身工程事业。

跨文化和语言障碍仍然阻碍着非洲大陆内部的伙伴关系。然而,为改善国家间关系和联系,若干措施已被采取。在各大洲内部和各大洲之间开展南南合作项目的机会很大,特别是考虑到南半球的历史相似性、文化和认识论的契合,如"乌班图"(Ubuntu)和"美好生活"(Buen Vivir),以及需要探索的地理和生态特征,尤其是气候危机。工程教育和实践从了解和建立跨文化能力的方式中受益,使工程师能够在一个相互联系的世界中为他们的社区服务。

区域问题的工程进展与解决方案

非洲面临的挑战带来了许多机遇,特别是在工程、研究和创新领域。为了利用这些机会并推动解决这些挑战,非洲国家必须进行系统性改革,以提高各级教育的质量,使其教育体制专业化,以便重点培养和培训科学、技术和工程领域的青年。因此,为了非洲的经济转型,各国必须对非洲青年的教育和培训进行战略性投资。为实现这一目标,既要发挥非洲的协同作用,促进区域一体化进程,也要促进非洲的科技进步。

作家 Myriam Dubertrand 在《世界报》的一篇文章中指出"撒哈拉以南非洲地区需要更多的工程师",为了让非洲法语区国家充分发挥其潜力,非洲大陆必须发展伙伴关系,建立研究员和学生的网络,并与其他大陆更成熟的工程学校建立合作和共建关系,例如与享有盛名的精英大学校联盟合作[2](CGE)。值得注意的是,有七家学校是非洲的,只有一家位于撒哈拉以南非洲,即布基纳法索瓦加杜古的国际水与环境工程研究所(2iE)(Dubertrand,2016)。

---

[1] van Stam(2016)将思想领导力定义为"被他人视为创新的内容,涵盖影响行业的趋势和主题"。

[2] 法国著名高等教育和研究机构的联盟。

结论

工程是实现非洲可持续发展目标的关键。优质的工程教育和提高的标准将创造良好的就业机会和经济增长，从而实现非洲远景。非洲法语、葡语和英语区国家与撒哈拉以南非洲地区面临共同的挑战，包括获得廉价能源的机会减少、工业化程度低、缺乏标准化、基础设施（特别是运输）不足、生产效率低以及健康状况差，所有这些挑战的解决都依赖于工程。现在有证据表明，当地专业机构和大学正在实施工程实践和能力建设，并利用现代技术（如工业 4.0 和其他颠覆性技术）提供解决方案，如对新冠肺炎疫情进行干预（FAEO, 2020）。

建议

1. 将本地、国家和非洲大陆的工程活动纳入主流，对设计、建立和维持非洲应对其自身和全球挑战的可持续解决方案至关重要。社区、利益攸关者和政府的参与是确保教育和专业企业拥有适当能力和朝着这一方向前进的基础。

2. 加强非洲的工程能力需要关注地方、国家、区域和大陆的挑战，以及融入非洲文化遗产的专业人员。

3. 加强工程能力是非洲大陆的当务之急，因此需要政策、国家和国际管理框架以及致力于为非洲带来长期进步和福祉的国家和地区专业工程组织。

4. 必须利用和支持非洲在国际技术开发（如6G）方面的领导作用和参与。

5. 应支持非洲工程组织联合会统一行业，支持整个非洲大陆的能力建设和工程监管。

6. 非洲需要开展响应政策的研发活动，为各国政府分配法律依据和资源提供必要的证据，例如使认证符合非洲大陆和世界标准，并维持工程师在整个非洲大陆的流动性。

7. 在不忽视文化多样性和历史的前提下，鼓励多样化工作关系（国籍、性别和分支学科）的项目有很大的好处；这些项目，特别是在工程领域的非洲跨国项目致力于培养非洲人的跨文化能力。

8. 各国应采取紧急行动，根据非洲的需要增加工程师的人数，并弥补工程领域的性别差距。

9. 各国应加大工程投资，提高工程培训机构的能力。

5

参考文献

Africa Progress Panel. *Power People Planet. Seizing Africa's energy and climate opportunities. Africa Progress Report 2015.* https://reliefweb.int/sites/reliefweb.int/files/resources/APP_REPORT_2015_FINAL_low1.pdf

Alston, P. 2019. *Report of the Special Rapporteur on extreme poverty and human rights.* United Nations General Assembly, 74th session. https://undocs.org/A/74/493

APC. 2018. *Global Information Society Watch 2018. Community networks.* Johannesburg, South Africa: Association for Progressive Communications and International Development Research Centre (IDRC). https://www.apc.org/en/pubs/global-information-society-watch-2018-community-networks

Bigirimana, S.S.J. 2017. Beyond the thinking and doing dichotomy: Integrating individual and institutional rationality. *Kybernetes*, Vol. 46, No. 2, pp. 1597–1610.

Cilliers, J. 2018. *Made in Africa: Manufacturing and the fourth industrial revolution.* Pretoria, South Africa: Institute for Security Studies.

Dubertrand, M. 2016. L'Afrique subsaharienne en mal d'ingénieurs [Sub-Saharan Africa in need of engineers]. *Le Monde,* 27 October (In French). https://www.lemonde.fr/afrique/article/2016/10/27/l-afrique-subsaharienne-en-mal-d-ingenieurs_5021166_3212.html

FAEO. 2020. *Covid 19 Pandemic and Engineering Solutions,* Covid 19 Special Edition, September. Federation of African Engineering Organisations. https://faeo.org/wp-content/uploads/2020/11/FAEO-Sept-2020-Newsletter-COVID-19-Special-Edition_Reviewed.pdf

Gerszon Mahler, D., Lakner, C., Castaneda Aguilar, R.A, and Wu, H.2020, The impact of COVID-19 (Coronavirus) on global poverty: Why Sub-Saharan Africa might be the region hardest hit.*World Bank Blogs*, 20 April. https://blogs.worldbank.org/opendata/impact-covid-19-coronavirus-global-poverty-why-sub-saharan-africa-might-be-region-hardest

ICASA . 2020. *Framework to qualify to operate a secondary geo-location spectrum database, 2020.* Independent Communication Authority of South Africa. www.icasa.org.za/legislation-and-regulations/framework-to-qualify-to-operate-a-secondary-geo-location-spectrum-database-2020

Johnson, D.L. and Mikeka, C. 2016. Bridging Africa's broadband divide. *IEEE Spectrum*, Vol. 53, No. 9, pp. 42–56.

Manuhwa, M. 2020. *Engineering a post-Covid19 future.* 27th IEK International Conference and 3rd IEK Women Engineers Summit (24–26 November 2020).

Ministry of Foreign Affairs. 2018. *Transition and inclusive development in Sub-Saharan Africa: An analysis of poverty and inequality in the context of transition.* IOB Study. The Hague: Ministry of Foreign Affairs.

Mudenda, C., Johnson, D.L., Parks, L. and van Stam, G. 2014. Power instability in rural Zambia, Case Macha. In: T.F. Bissyandé and G. van Stam (eds), *e-infrastructure and e-services for developing countries.* 5th International Conference, AFRICOMM 2013, Blantyre, Malawi, 25–27 November 2013, Revised Selected Papers. Berlin, Heidelberg: Springer International Publishing. https://doi.org/10.1007/978-3-319-08368-1_30

Naudé, W. 2017. The fourth industrial revolution in Africa: potential for inclusive growth? *The Broker,* 10 August. www.thebrokeronline.eu/the-fourth-industrial-revolution-in-africa-potential-for-inclusive-growth

RAEng. 2016. *Engineering and economic growth: A global view A report by Cebr for the Royal Academy of Engineering.* London: Royal Academy of Engineering https://www.raeng.org.uk/publications/reports/engineering-and-economic-growth-a-global-view

Rodrik, D. 2018. An African growth miracle? *Journal of African Economies*, Vol. 27, No. 1, pp. 10–27.

SADC/DST. 2019. *Engineering numbers and needs in the SADC region.* Department of Science and Technology, South Africa. http://needsandnumbers.co.za/download/full-report/

SDG Center for Africa. 2020: *Africa SDG Index and Dashboards Report 2020.* Kigali and New York: The Sustainable Development Goals Center for Africa and Sustainable Development Solutions Network.

UNCTAD. 2019. *Digital Economy Report 2019: Value creation and capture: implications for developing countries.* United Nations Conference on Trade and Development. New York: United Nations. https://unctad.org/webflyer/digital-economy-report-2019

UN. 2019. *Data Disaggregation and SDG Indicators: Policy Priorities and Current and Future Disaggregation Plans*. Statistics Commission 50th session, Inter- agency Expert Group on SDG Indicators (IAEG-SDGs). https://unstats.un.org/unsd/statcom/50th-session/documents/BG-Item3a-Data-Disaggregation-E.pdf

van Stam, G. 2016. Africa's non-inclusion in defining fifth generation mobile networks. In: T.F. Bissyande and O. Sie (eds), *e-infrastructure and e-services for Developing Countries*. 8th International Conference, AFRICOMM 2016, Lecture Notes of the Institute for Computer Sciences, Social Informatics and Telecommunications Engineering, Vol. 208, pp. 14–25. Springer.

5

Zainab Garashi[①]

5.6
阿拉伯国家

© Zainab Garashi

Arab woman engineer receiving a prize

---

① 　世界工程组织联合会青年工程师 / 未来领袖委员会前主席。

摘 要

阿拉伯国家正开始利用国内数据，制定全面的政策框架，以实现潜在的巨大变革，使人力资本与政府发展目标相匹配。与此同时，它们努力鼓励以女性为重点的可持续的创业文化、多样性和包容性，并促使环境友好和负责任的能源替代品投资产生更大的影响。下一步是巩固变革的势头，将其推行至尚未进行变革的国家，同时通过跨区域合作加强区域地位。

工程、教育与教育质量

世界银行（2019）在其最新的《世界发展报告》中探讨了如何利用数据和全面的政策框架来实现潜在的巨大变革，以帮助实现联合国可持续发展目标（SDGs）。这些转变包括调整地方和区域发展目标，使之适应生产和市场势力的性质，并改善人力资本、适应力和基础设施。这种方法要求超越典型的指示性改进措施，例如国际劳工组织的就业率（ILO，2018），以实现更有力和主动的评估，从而规划和激励青年从事与政府发展计划相一致的教育事业。

其中一个例子是科威特大学副校长规划办公室（OVPP）进行的一项研究，该研究调查并预测（今后五年）该大学工程专业毕业生的供需平衡，以满足科威特工程劳动力市场的需求（Khorshid and Alaiwy, 2016）。尽管科威特就业率高达 72.4%（ILO, 2018），但与国家战略发展和／或战略发展计划相比，该市场仍存在显著差距。这项研究虽侧重于科威特的工程领域，但其结果同样适用于其他领域。研究结果表明高教育率和随后的就业机会可能不足以满足科威特和该地区目前和未来的发展需要。

然而，也必须强调有必要开始提供高质量的教育，然后向受过教育的人提供就业机会，并从一开始就采纳符合国家发展计划的教育方案／课程的建议办法。国际劳工组织 2018 年针对阿拉伯国家的统计数据显示，目前卡塔尔（87%）、阿拉伯联合酋长国（81%）、科威特（72%）、巴林（72%）和阿曼（69%）的就业率最高，约旦（33%）、也门（34%）、阿尔及利亚（36%）、叙利亚（38%）和伊拉克（39%）的就业率最低。这些统计数字虽然具有参考意义，但往往不能可靠地衡量文化水平和教育质量；例如，约旦目前的受教育率约为 98%，但就业率为 33%，这可能是由于工科专业毕业生人数众多，而行业需求却没有相应的增长。

虽然诸如副校长规划办公室（科威特）等机构和类似的评估机构在大多数其他阿拉伯国家大多不存在或不起作用，但一些阿拉伯国家目前正在积极评估这一潜在差距，例如约旦就业教育（JEFE）、卡塔尔教育科学与社会发展基金会，以及沙特阿拉伯公共教育和培训评估委员会。

鼓励可持续的创业文化

由阿拉伯各国议会联盟和埃及众议院联合举办的首届中东和北非议会可持续发展目标和性别平等阿拉伯区域研讨会于 2018 年 9 月在亚历山大图书馆举行，来自 15 个国家的议会代表出席。议员们要求采取区域行动，解决失业率居高不下的问题，特别是女性和青年失业率居高不下的问题，原因包括最近区域经济增长率下降了 6%（2005—2010 年）和 3.5%（2011—2014 年）。政府在应对这一趋势中能发挥无与伦比的作用。各国政府还需要探索和支持内部伙伴关系（初创企业和中小企业）和外部伙伴关系（私营企业和政府），以寻求更可持续的解决办法。在这方面，基础和初级文化水平是战略推手，而大学教育则为创业文化和未来的内部伙伴关系提

5

供了跳板。

身为阿拉伯国家一员的约旦就是一个很好的例子。该国的受教育率在 2018 年达到了 98%，目标是到 2020 年达到 100%。然而，尽管教育占国家预算的比例最大，但毕业生大多缺乏工作机会，就业人口比非常低，只有 33%。科威特的情况与之类似，90% 的就业公民在政府部门工作，只有 4% 在私营企业工作，2% 在初创企业工作。除了受雇于政府部门，还需要多管齐下，解决就业率低的阿拉伯国家（阿尔及利亚、科摩罗、埃及、伊拉克、黎巴嫩、利比亚、毛里塔尼亚、摩洛哥、索马里、苏丹、叙利亚、突尼斯和也门）的失业或就业不足问题。

迫切需要通过扩大包括创业培训和课程在内的普通教育课程来积极鼓励本地区的创业文化，并辅之以行业交流计划，使实习学生体验行业挑战并提供解决办法。这一行动必须与政府政策的制定同时进行，这类政策应通过改善整个地区的"营商"环境鼓励建立更多的私营企业，以期特别为非本土中小企业的成立和成长引进国际企业的投资。

将实习作为一门必修课纳入工程技术教育课程，这将涉及创建一个创新和创业生态系统，以便将阿拉伯地区的大学塑造成能为毕业生和产业服务的真正的创业中心和创业大学，从而推动和促进创业、创新和技术转移。这一功能生态系统将为学生提供将理论知识与行业实践和经验相结合的机会。这反过来又会拓宽他们的学习经验，使他们在毕业后更好地为投身工作做准备，同时也让他们有机会自己创业。

教育课程中应包括掌握技术专长以外的商业规划所需的所有要素。商业课程应包含从头至尾的商业规划和规划成熟过程，包括风险和机会评估和管理，以及了解公司／政府的细微差别，如设立和经营企业的要求，支持早期业务发展的体系（政策、资金、孵化）、规模扩大、指导，等等。

工程实践中的女性

性别平等（可持续发展目标 5）以及和平、正义与强大机构（可持续发展目标 16）是第一届阿拉伯可持续发展目标区域研讨会讨论的主题。与会者承诺"将性别平等观点纳入其关于可持续发展目标的所有工作；审查法律框架，以消除对女性的歧视性法律规定；并利用其监督权要求各国政府对可持续发展目标的战略和规划负责。这将有助于在教育、培训和就业方面以及在经济和政治领导力上更多地促进性别平等"。

尽管近年来在阿拉伯地区促进性别平等的引人注目的活动和政策的数量显著增加，但差距仍然很大。例如，在沙特阿拉伯王国，大部分女性只能在国外（境外）学习工程专业，因为沙特王国的大部分公立和私立大学都不允许女性攻读工程学位。目前，只有埃法特大学（Effat University）和阿卜杜勒阿齐兹国王大学（King Abdulaziz University）分别于 2006 年和 2013 年允许女性读取工程专业本科学历。阿卜杜拉国王科技大学（King Abdullah University of Science & Technology）于 2009 年只允许女性攻读工程专业研究生课程。相关统计数据也表明，沙特从事科学、技术、工程和数学（STEM）事业的女性人数非常有限（几乎不存在）。目前，该国有 4,846 家工程咨询公司，其中只有 54 家（1.11%）为女性所有。

在巴林，2018 学年工程专业毕业生中，女性占 30%（221 名女性，522 名男性），这在很大程度上代表了全球平均水平。然而，这与女性在工程实践中的比例并不相称。在摩洛哥，信息技术行业的男女比例为 3:20，计算机科学行业为 3:10，工程教育和资格方面为 4:10。然而，联合国教科文组织关于高等教育对可持续发展目标的贡献的调查和"不让任何人掉队"的任务指出，"最近，在摩洛哥，工科大学一半以上的学生是女孩"。

科威特鼓励女性接受工程教育；一般来说，妇女占工程专业毕业生的 80%。由于通常不鼓励女性参加工程实践，这一统计数字也不能反映科学、技术、工程和数学对科威特的作用。科威特大学工程与石油学院（COEP）工程培训和校友中心的数据显示，2017—2018 学年共有 4,872 名工程师毕业。其中，女性工程专业毕业生占 3,901 人（80%），但大多数人选择从事非工程职业。

表面看来，女性被排除在工程行业之外似乎仅仅是因为她们是女性。然而，为了纠正这种文化差异，可能还有一些根本问题需要解决。一个值得注意的例子是，海湾地区的一家大公司修改了其安全工作服（强制性工作服）的设计，采用了符合女性的文化设计，女性因而在露天工程现场和更舒适的环境中工作更为方便。女性应聘者因这一做法而增加，许多原住民社群鼓励其妇女为该公司工作。也许需要采取更多创新的方法来解决该地区的文化差异，并希望为女性在科学、技术、工程和数学领域中开辟新的机会，从而扭转这种人口统计结果。

阿拉伯国家的替代能源

抓紧实现可持续发展目标，在阿拉伯地区可持续发展目标气候设施签署活动上可见一斑。该活动于 2019 年 3 月 16 日在埃及开罗举行，由阿拉伯国家联盟秘书长 Ahmed Aboul Geit 博士和阿拉伯水资源理事会主席 Mahmoud Abu-Zeid 博士主办。距离实现 2030 年可持续发展目标仅剩十年，与会各国领导人重申，需要以更大的雄心帮助各国加快取得成果，共享可持续发展目标成效。促进使用更多替代能源代替碳密集型能源（如化石燃料）将有助于实现可持续发展目标 13（气候行动）和可持续发展目标 7（廉价和清洁能源），从而实现包括消除贫困、消除饥饿、清洁饮水和卫生设施在内的其他目标。

上述活动是海湾地区各国政府举办的众多活动之一，旨在表明它们致力于快速普及和利用替代能源。该地区大多数国家已做出决定，并制定了未来目标，以便今后几年内在能源生产结构中普及替代能源。相关情况可分别参考阿拉伯电力联盟 2013 年和 2016 年的替代能源普及率数据（Arab Union of Electricity, 2015; 2017）。随着其他地区国家为达到其设定的目标在各方面付出更多的努力，对替代能源的需求正在逐步升级。

以科威特为例，埃米尔在联合国气候变化大会上承诺到 2030 年该国替代能源发电量将达到 15%。迪拜领导人也做出了类似的承诺，到 2020 年，该市替代能源发电量将达到 7%，到 2030 年，这一比例将上升到 25%，到 2050 年，这一比例将上升到 75%，这一点在"完全充电的可持续城市"倡议的正式启动中有所强调。沙特阿拉伯的 2030 年愿景包括替代能源发电量增加 9,500 兆瓦，此前在 2013 年至 2016 年间，替代能源发电量从 58,462 兆瓦增加到 74,709 兆瓦，增加了 16,000 兆瓦（27.79%）。同样，约旦在 2013 年至 2016 年间将替代能源发电量从 3,333 兆瓦提高到 4,626 兆瓦（增长 38.79%）。

建议

1. 各国政府应利用数据开展旨在预测劳动力市场变化的研究，并研究过去的趋势、战略方向和增长愿景，以指导学生选择特定的学习领域。

2. 大学应该开设有助于年轻一代改变思维方式的课程，减轻他们对现有工作的依赖，使他们能够创业并为他人创造就业机会。

参考文献

Arab Union of Electricity. 2015. *Statistical bulletin in the Arab countries 2014*, Issue 23. www.auptde.org/Publications. aspx?lang=en&CID=36 (In Arabic.)

Arab Union of Electricity. 2017. *Statistical bulletin 2016*, Issue 25. www.auptde.org/Publications.aspx?lang=en&CID=36 (In Arabic.)

ILO. 2018. Employment-to-population ratio. International Labour Organization. www.ilo.org/ilostat-files/Documents/ description_EPR_EN.pdf

Khorshid, E. and Alaiwy, M.H. 2016. Education for employment: A career guidance system based on labour market information. In: *INTED2016 Proceedings*, 10th International Technology, Education and Development Conference, 7–9 March, Valencia, Spain. https://library.iated.org/view/ KHORSHID2016EDU

World Bank. 2019. *World development report: The changing nature of work*. Washington, DC: International Bank for Reconstruction and Development/World Bank.www. worldbank.org/en/publication/wdr2019

5

缩略语列表

ABCD ctive, blended, collaborative and democratic
积极、融合、协作与民主

ADB Asian Development Bank
亚洲开发银行

AI Artificial intelligence
人工智能

CACEE Central Asia Centre for Engineering Education
中亚工程教育中心

CDP Competency Development Plan
能力发展计划

CEE Continuing Engineering Education
继续工程教育

COP Conference of the Parties
缔约方大会

CPD Continuing Professional Development
持续专业发展

CRIDA Climate Risk Informed Decision Analysis
气候风险知情决策分析

CSI Enhancing climate services for infrastructure investment
为基础设施投资提升气候服务

CT Computed tomography
计算机断层扫描

DH Digital health
数字医疗

DRR Disaster Risk Reduction
降低灾害风险

EO Earth observation
地球观测

EPCS Engineering Professional Certification System
工程专业认证体系

GIZ Deutsche Gesellschaft für Internationale Zusammenarbeit GmbH [Development agency, Germany]
德国国际合作组织 [德国开发局]

IACEE International Association for Continuing Engineering Education
国际继续工程教育协会

ICEE International Centre for Engineering Education
国际工程教育中心

ICT Information and Communication Technology
信息和通信技术

ICU Intensive care unit
重症监护室

IEA International Engineering Alliance
国际工程联盟

IFEES International Federation of Engineering Education Societies
国际工程教育学会联盟

IoMT Internet of Medical Things
医疗物联网

IoT Internet of Things
物联网

ITU International Telecommunication Union
国际电信联盟

FIDIC International Federation of Consulting Engineers
国际咨询工程师联合会

GDP Gross Domestic Product

国内生产总值

GDPR General Data Protection Regulation

通用数据保护条例

GEDC Global Engineering Deans Council

全球工学院院长理事会

LAC Latin American countries

拉丁美洲国家

LLL Lifelong learning

终身学习

ML Machine learning

机器学习

NAP National Adaptation Plan

国家适应计划

NFIF Non-formal and informal

非正规和非正式

OECD Organisation for Economic Cooperation and

Development

经济合作与发展组织

PBL Project-based learning

基于项目的学习

PPE Personal protective equipment

个人防护装备

PPP Private-Public Partnerships

私营—公共伙伴关系

RAEng Royal Academy of Engineering (UK)

皇家工程院（英国）

R&D Research & Development

研究与开发

SDG Sustainable Development Goals

可持续发展目标

STEM Science, technology, engineering and

mathematics

科学、技术、工程与数学

TGP Three Gorges Project

三峡工程

ULB Urban Local Body

城市地方机构

UNDP United Nations Development Programme

联合国开发计划署

UNIDO United Nations Industrial Development

Organization

联合国工业发展组织

UNESCO United Nations Educational, Scientific and

Cultural Organization

联合国教科文组织

UNFCCC United Nations Framework Convention on

Climate Change

联合国气候变化框架公约

UNICEF United Nations Children's Fund

联合国儿童基金会

WASH Water, sanitation and hygiene

水，环境卫生和个人卫生

WCCE World Council of Civil Engineers

世界土木工程师理事会

WFEO World Federation of Engineering Organizations

世界工程组织联合会

WHO World Health Organization

世界卫生组织

图书在版编目（CIP）数据

工程——支持可持续发展 / 联合国教科文组织著；
王孙禺等译 . -- 北京 : 中央编译出版社 , 2021.3
ISBN 978-7-5117-3639-0

Ⅰ . ①工… Ⅱ . ①联… ②王… Ⅲ . ①工程师－人才
培养－研究－中国 Ⅳ . ① T-29

中国版本图书馆 CIP 数据核字（2021）第 038678 号

工程——支持可持续发展

联合国教科文组织 著

联合国教科文组织国际工程教育中心
王孙禺　乔伟峰　徐立辉　谢喆平　　译

责任编辑：郑永杰

编务统筹：郑菲菲

审读编辑：郑永杰　李小燕　贾宇琰

校　　对：翟　桐　刘　慧　景淑娥　里　工

出版发行：中央编译出版社

地　　址：北京西城区车公庄大街乙 5 号鸿儒大厦 B 座（100044）

网　　址：www.cctphome.com

印　　刷：三河市华东印刷有限公司

开　　本：889毫米 ×1194毫米　1/16

版　　次：2021年3月第1版

印　　次：2021年3月第1次印刷

定　　价：98.00元